Die Farbenfibel

von Wilhelm Ostwald
Mit einem Nachwort von Eckhard Bendin

FAVORITEN
PRESSE

Inhalt

Einleitung

Erster Abschnitt

Die unbunten Farben

Zweiter Abschnitt

Die bunten Farben

Dritter Abschnitt

Hellklare und dunkelklare Reihen

Vierter Abschnitt

Die trüben Farben

Fünfter Abschnitt

Der Farbkörper

Sechster Abschnitt

Die Harmonie der Farben

Nachwort

Einleitung

Farbe. Alles, was wir sehen, besteht unmittelbar aus F a r b e n , die in der Fläche des Gesichtsfeldes als größere und kleinere Teile oder Flecken ausgebreitet sind. Wo zwei oder mehr Flecken sich begegnen, entstehen Grenzlinien, deren Zusammenhang erst die F o r m e n oder Gestalten ergibt, aus denen wir das Vorhandensein der gesehenen Gegenstände erschließen.

Die Farben sind also die Grundbestandteile oder Elemente unserer Gesichtsempfindungen.

Das Wort Farbe wird zufolge ungenauen Sprachgebrauches auch für Stoffe und Vorgänge benutzt, durch welche farbige Empfindungen oder Farben entstehen. Stoffe, die zur Färbung dienen, heißen F a r b s t o f f e und nicht Farben; die Energie, welche durch Einwirkung auf unser Auge die Empfindung der Farbe hervorruft, heißt L i c h t .

Einteilung. Die Farben zerfallen in zwei Klassen:

1. die u n b u n t e n Farben Weiß, Grau, Schwarz und alles, was dazwischen liegt;
2. die b u n t e n Farben Gelb, Rot, Blau, Grün und alles, was dazwischen und daneben liegt.

Man beschränkt zuweilen den Namen Farbe auf die bunten Farben und nennt die unbunten farblos. Dann kann man aber nicht mehr sagen, daß alle Gesichtsempfindungen unmittelbar aus Farben bestehen. Es ist also zweckmäßiger, den weiteren Sprachgebrauch zu wählen.

Erster Abschnitt

Die unbunten Farben

Die Ordnung. Die unbunten Farben bilden eine stetige einfaltige (eindimensionale) Reihe mit den Endpunkten Schwarz und Weiß. Zwischen beiden lassen sich alle grauen Farben so einordnen, daß jede einen eindeutig bestimmten Platz zwischen ihren Nachbarn erhält. Der eine Nachbar ist *heller*, der andere *dunkler* als das gegebene Grau.

Sind z. B. die 5 grauen Farben 1 bis 5 in willkürlicher Anordnung gegeben:

1 2 3 4 5

so wird jedermann sie in die folgende Reihe ordnen:

6 7 8 9 10

und es hat nie einen Menschen gegeben, dessen Farbempfindung eine andere Ordnung verlangt hätte. In dieser Reihe ist 6 die dunkelste, 10 die hellste Farbe. Diese Namen drücken die Tatsache aus, daß von dem Licht, welches auf die Papierfläche fällt, 6 das wenigste und 10 das meiste zurückwirft. Für jedes Glied der Reihe sind alle rechts stehenden Glieder heller, alle links stehenden dunkler. Ist insbesondere z. B. 8 heller als 7, und 7 heller als 6, so ist auch (und um so mehr) 8 heller als 6.

Wird irgendein Grau hinzugebracht, welches in der Reihe noch nicht vorhanden ist, so gibt es nur einen einzigen Ort, an den es gehört. So kann z. B. das Grau 11

11

nur zwischen 7 und 8 so eingeordnet werden, daß es heller ist als alle links stehenden und dunkler als alle rechts stehenden Grau. Bringt man es z. B. zwischen 8 und 9, so sind zwar alle rechts stehenden Grau heller, aber nicht alle links stehenden dunkler, denn 8 ist heller als 11.

Die Grau-Reihe ist also eindeutig.

Stetigkeit. Zwischen zwei verschiedene Grau kann man immer ein drittes Grau einschalten, welches heller als das eine und dunkler als das andere ist. Auf solche Weise kann man die Stufen immer kleiner machen, bis sie schließlich unmerklich werden.

Die vollständige Grau-Reihe ist also stetig wie 12.

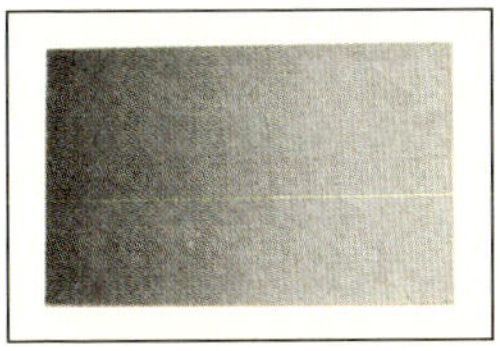

12

Hieraus folgt anscheinend, daß die vollständige Grau-Reihe aus unendlich vielen Gliedern bestehen müßte. Stellt man aber zwischen zwei Endpunkten eine Reihe von graugetünchten Blättern her, von denen jedes nur eben merklich heller ist als das vorangegangene, so findet man, daß man keineswegs unendlich viele Zwischenstufen unterscheiden kann. Vielmehr ist zur Unterscheidung eine endliche Verschiedenheit erforderlich, und wird die Stufe kleiner, so kann man keinen Unterschied mehr erkennen.

Die Schwelle. Diese Grenze der eben merklichen Verschiedenheit nennt man die Schwelle.

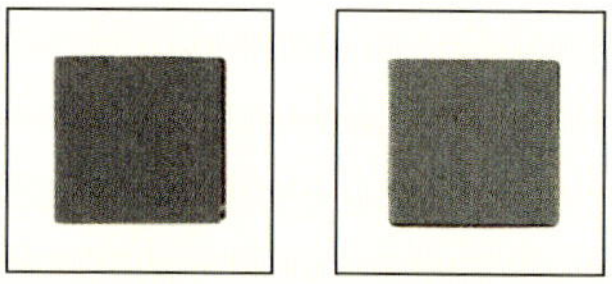

13 14

So besteht zwischen 13 und 14 ein eben merklicher,

15 16

zwischen 15 und 16 dagegen ein unmerklicher Unterschied. Obwohl auch 16 mit schwächerem Farbstoff hergestellt ist als 15, erscheinen doch beide gleich hell.

Gleichheit. Das Vorhandensein der Schwelle ermöglicht erst, daß wir zwei graue Farben als gleich ansprechen können. Gleich nennen wir, was wir nicht unterscheiden können. Könnten wir jeden wirklich vorhandenen Unterschied auch erkennen, so wäre es unmöglich, zwei gleiche Grau herzustellen, da wir niemals die letzten Reste der objektiv vorhandenen Verschiedenheiten beseitigen können. Tatsächlich empfinden wir sogar zwei graue Farben wie 15 und 16 als gleich, obwohl zwischen ihnen absichtlich eine objektive Verschiedenheit hergestellt worden ist.

Das Vorhandensein der Schwelle hat gewisse Folgen bezüglich der Gleichheit, welche verschieden sind von den mathematischen Beziehungen, die ohne Rücksicht auf die Schwelle aufgestellt zu werden pflegen. So gilt z. B. im allgemeinen das Gesetz: wenn a = b, und b = c ist, so ist a = c. Und ebenso folgt aus a = b, b = c, c = d auch a = d. Ist nun das Grau b zwar heller als a, aber weniger als die Schwelle beträgt, und gilt dasselbe von c zu b und von d zu c, so werden wir zunächst a = b, b = c und c = d setzen.

Beträgt aber die Summe dieser unmerklichen Unterschiede, wenn sie im gleichen Sinne liegen, mehr als die Schwelle, so dürfen wir keineswegs a = d setzen, sondern wir empfinden d *heller* als a.

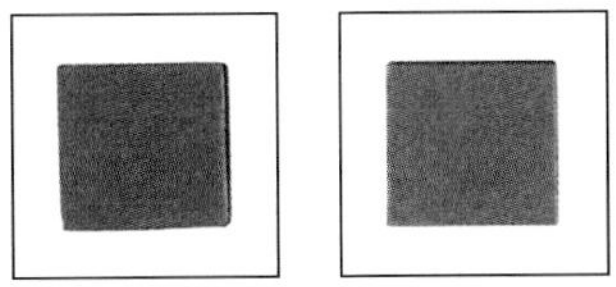

17 18

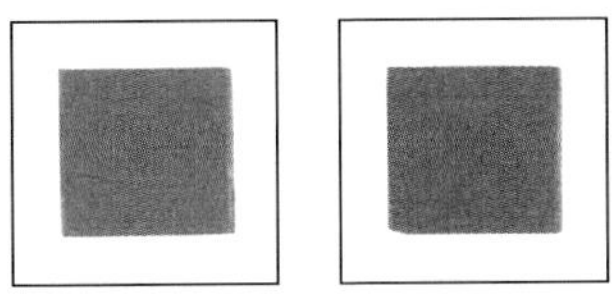

19 20

So besteht zwischen 17 und 18 ein Unterschied, der kleiner ist als die Schwelle. Deckt man daher 19 und 20 zu, so erscheinen 17 und 18 gleich. Ebenso erscheinen 18 und 19 gleich, wenn man 17 und 20 zudeckt, und dasselbe gilt für 19 und 20. Wir haben also beobachtet: 17 = 18, 18 = 19 und 19 = 20, und sind daher geneigt zu schließen, daß auch 20 = 17 ist. Decken wir aber 18 und 19 zu und vergleichen 20 mit 17, so ist 20 unverkennbar heller als 17.

Die Schwelle ist im übrigen keine unveränderliche Größe, denn sie hat bei verschiedenen Personen häufig verschiedenen Wert. Sie hängt von der ursprünglichen Begabung ab und ändert sich auch bei dem einzelnen, indem sie durch Übung verkleinert, durch Ermüdung oder andere die Aufmerksamkeit schwächende Einflüsse vergrößert wird. Deshalb werden einige den Unterschied zwischen 13 und 14 nicht empfinden, anderen wird ein Unterschied zwischen 15 und 16 merklich sein. Die Anzahl der unter gewöhnlichen Umständen unterscheidbaren Graustufen beträgt einige Hundert.

Die Helligkeit. Die Ursachen der verschieden hellen Grauempfindungen sind die verschiedenen Stärken des Lichts. Dies gilt aber nicht für die absolute Lichtstärke, denn ein zwischen Schwarz und Weiß liegendes mittelgraues Papier behält seine Farbe, ob man das Ganze mit starkem oder schwachem

Licht beleuchtet. Maßgebend ist vielmehr der Bruchteil des auffallenden Lichtes, welches von der Fläche zurückgesendet wird; die Farbe einer Fläche ist um so heller, je größer dieser Bruchteil ist. Wird alles Licht zurückgeworfen (wobei es nach allen Richtungen zerstreut, nicht aber nach bestimmten Richtungen gespiegelt wird), so heißt die Fläche weiß, wird alles verschluckt und gar keines zurückgeworfen, so heißt sie schwarz. Wird ein Teil zurückgeworfen, so heißt sie grau.

Diese Bestimmungen gelten für solche Flächen, welche alle Arten Licht gleichförmig zurückwerfen und verschlucken. Wirkt die Fläche dagegen auswählend, so daß sie gewisse Arten Licht reichlicher zurückwirft als andere, so ist ihre Farbe nicht mehr weiß oder grau, sondern bunt.

Weiß. Als beste Annäherung an das ideale Weiß gilt ein matter Aufstrich von reinem Barytweiß (Bariumsulfat). Wir setzen seine Helligkeit gleich 100. Bestes Zinkweiß (21) hat die Helligkeit 95, d. h. ein Aufstrich von Zinkweiß wirft $^{95}/_{100}$ der auffallenden Lichtmenge zurück. Kreide (22) hat nur die Helligkeit 80 und ist außerdem gelblich, also bunt.

21
Zinkweiß

22
Kreide

Bezeichnung. Jedes Grau wird durch den in Hundertsteln ausgedrückten Bruchteil des Lichtes gekennzeichnet, welchen es zurückwirft. Ein Grau 25 wirft $^{25}/_{100}$ oder $^{1}/_{4}$ des Lichtes zurück und ein Grau 4 oder 04 nur $^{4}/_{100}$ oder $^{1}/_{25}$. Ein solches Grau nennen wir noch Schwarz, dagegen das Grau 10 nicht mehr, während wir ein Grau 80, welches $^{20}/_{100}$ oder $^{1}/_{5}$ des Lichtes verschluckt, noch Weiß nennen.

Schwarz. Ein Schwarz, welches kein Licht zurückwirft, kann man herstellen, wenn man aus mattschwarz angestrichener Pappe ein würfelförmiges Kästchen von 10 cm Seite klebt (wobei die schwarze Seite nach innen kommt) und in die Mitte einer Wand eine Öffnung von 2 cm Seite macht. Diese Öffnung ist viel schwärzer als irgendein schwarzer Aufstrich, denn dieser erscheint grau, wenn man ihn daneben hält. Sogar bester schwarzer Seidensamt, das Schwärzeste, was es gibt, läßt auf diese Weise erkennen, daß er noch merkliche Mengen Licht zurückwirft. Gute schwarze Farbstoffe, matt aufgetragen, pflegen eine Helligkeit von 02 und mehr zu haben.

Graustufen. Wenn man zwischen hellem und dunklem Grau (oder Weiß und Schwarz) eine in der Mitte liegende Zwischenstufe einschalten will, so ist das Nächstliegende, hierfür eine mittlere Helligkeit zu wählen. So hat 23 die Helligkeit 80, 25 hat 5 und 24 hat den Mittelwert $\frac{80+5}{2} = 42{,}5$. Niemand wird aber zugeben, daß das Grau 24 in der Mitte zwischen 23 und 25 liegt, vielmehr wird jeder 24 viel zu hell finden.

23

24

25

26

27

28

Dagegen wird man in der Reihe 26, 27, 28 allerdings 27 als in der Mitte liegend anerkennen. Nun hat 27 die Helligkeit 20; es besteht also gegen 26 ein Unterschied von 60, während er gegen 28 nur 15, also nur ein Viertel davon beträgt.

Dagegen ist folgende Beziehung vorhanden: 80 : 20 = 4 und ebenso 20 : 5 = 4. Die Reihe 5, 20, 80 ist also eine „geometrische“ Reihe, d. h. eine solche, deren Glieder in gleichem Verhältnis zunehmen. Dagegen war 5, 42.5, 80 eine „arithmetische“ Reihe, deren Glieder um gleiche Beträge zunehmen.

Wenn die Helligkeiten eine geometrische Reihe bilden, so empfinden wir die entsprechenden grauen Farben als gleichabständig.

Die Grauleiter. Von den unzähligen geometrischen Reihen, nach denen man die grauen Stufen ordnen kann, wird künftig nur die benutzt werden, bei welcher je zehn Stufen zwischen 1 und 10 und zwischen 10 und 100 eingeschaltet sind. Die Zahlen können genau nur durch endlose Brüche dargestellt werden; wegen der Schwelle aber hat eine solche absolute Genauigkeit keine Bedeutung, und eine Abrundung auf zwei Stellen ist angemessen. Die Reihe lautet in absteigender Folge von 100 ab:

100	79	63	50	40	32	25	20	16	12,6
10	7,9	6,3	5,0	4,0	3,2	2,5	2,0	1,6	1,26.

Von dieser Reihe kommen die letzten Glieder kaum je vor.

Man benutzt sie, um die Normen der unbunten Farben aufzustellen, d. h. diejenigen Farben, welche man unter Ausschließung aller anderen überall benutzt, wo man die Wahl frei hat. Für diesen Zweck sind überall die Mittelwerte zwischen zwei aufeinander folgenden Stufen zu nehmen. Auf solche Weise entstehen die Graunormen

89	71	56	45	36	28	22	18	14	11
a	b	c	d	e	f	g	h	i	k
8,9	7,1	5,6	4,5	3,6	2,8	2,2	1,8	1,4	1,1
l	m	n	o	p	q	r	s	t	u

Unter jeder Norm steht ein Buchstabe, mit dem sie fortan bezeichnet werden wird. Zunächst bedeutet jeder Buchstabe das zugehörige Grau; so z. B. ist h das Grau mit 18 Weiß und 92 Schwarz. Im weiteren Zusammenhange werden die gleichen Buchstaben benutztwerden, um die entsprechende

Weiß- oder Schwarzmenge zu bezeichnen; so kann h auch 18 Weiß oder 92 Schwarz bedeuten.

In der Praxis haben sich diese Stufen meist als zu eng erwiesen. Man überschlägt daher jede zweite und gelangt so zur praktischen Grauleiter

89	56	36	22	14
a	c	e	g	i
8,9	5,6	3,6	2,2	1,4
l	n	p	r	t

wie sie in den Aufstrichen 29-36 von a bis p wiedergegeben ist. Tieferes Schwarz als p läßt sich durch das benutzte Verfahren nicht herstellen.

Eine genaue Prüfung dieser „Grauleiter" lehrt, daß die Abstände tatsächlich als gleich groß empfunden werden. Nur die letzten Stufen machen einen etwas engeren Eindruck, entsprechend dem Umstande, daß das Gesetz der geometrischen Reihe im dunklen Gebiete nicht mehr genau die Tatsachen darstellt.

Folgen. Aus dem Gesetz der geometrischen Reihe geht ein gegensätzliches Verhalten des weißen und des schwarzen Endes der unbunten Reihe hervor. Während große Mengen Schwarz bei vorherrschendem Weiß nur schwach empfunden werden oder das Aussehen der Farbe nur wenig beeinflussen, bewirken die geringsten Mengen Weiß im Schwarz eine sehr deutliche Aufhellung, die um so auffallender ist, je reiner das Schwarz ist. So ergibt sich aus der umstehenden Helligkeitsreihe, daß ein Zusatz

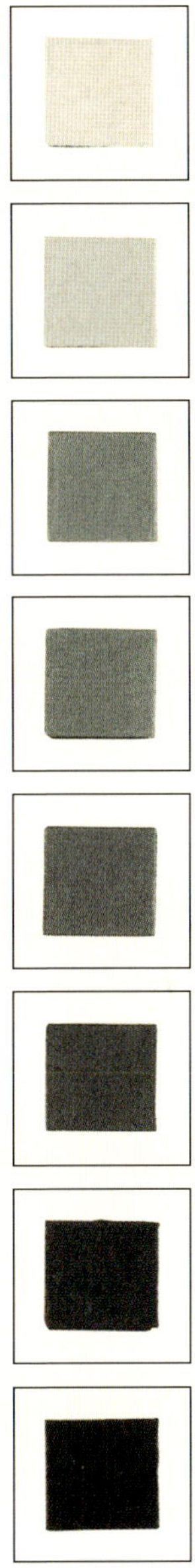

29 a
30 c
31 e
32 g
33 i
34 l
35 n
36 p

2

von 33 Schwarz am weißen Ende keinen größeren Unterschied bewirkt als 2 Weiß am schwarzen Ende.

Es ist deshalb für alle künstlerischen und kunstgewerblichen Zwecke notwendig, die Grauleiter nicht nach den Zahlenwerten des Weißgehaltes zu ordnen, sondern nach gleichen Gefühlsstufen, wie dies umstehend geschehen ist. Wollte man sie nach gleichen Stufen des Weißgehaltes ordnen, so würde man viel zu viele Stufen am weißen Ende und viel zu wenige am schwarzen erhalten.

Zweiter Abschnitt

Die bunten Farben

Die Mannigfaltigkeit. Eine gegebene unbunte oder graue Farbe kann man nur in einer Weise verändern: man kann sie heller oder dunkler machen. Die unbunten Farben bilden daher eine *einfaltige* (eindimensionale) Mannigfaltigkeit.

Jede bunte Farbe läßt sich dagegen auf mehrfache Weise abändern. Man kann eine gegebene Farbe in folgender Weise verschieben:

a) Man kann ein Rot gelblicher oder bläulicher machen, ein Blau rötlicher oder grünlicher, ein Grün bläulicher oder gelblicher. Man nennt dies eine Änderung des *Farbtons*. Die Farben 37 bis 40 zeigen eine solche von Kreß nach Rot.

37 38 39 40

b) Man kann den Farbton beibehalten und dabei einen zunehmenden Bruchteil der reinen Farbe durch Weiß ersetzen. Die Farbe wird dabei zunehmend lichter. Die Farben 41–44 haben den gleichen Farbton, enthalten aber zunehmende Mengen Weiß.

41 42 43 44

c) Man kann den Farbton durch zunehmende Mengen Schwarz verdunkeln. Die Farben 45–48 haben gleichen Farbton bei wachsenden Mengen Schwarz.

45 46 47 48

d) Man kann sowohl Weiß wie Schwarz zu der reinen Farbe fügen; dies ist gleichwertig dem Zusatz einer gewissen Menge Grau von entsprechender Helligkeit. Die Farben 49–52 haben denselben Farbton bei wachsenden Mengen eines mittleren Grau.

49 50 51 52

Der Fall d kann als Verallgemeinerung der Fälle b und c aufgefaßt werden, da Weiß und Schwarz die Endpunkte der Graureihe sind.

Daher kann jede beliebige Farbe als aus reiner Farbe, Weiß und Schwarz bestehend angesehen werden, die nach bestimmten Anteilen sich zu gemeinsamer Wirkung betätigen. Alle drei zusammen bilden die Farbe.

Eine weitere Veränderlichkeit ist nicht vorhanden. *Die bunten Farben bilden eine dreifaltige (dreidimensionale) Mannigfaltigkeit.*

Der Farbton. Die Farbennamen rot, grün, gelb, blau usw. beziehen sich auf jene Eigenschaft der bunten Farben, welche man den Farbton nennt. Durch das Vorhandensein des Farbtons sind die bunten Farben von den unbunten verschieden.

Eine Farbe, welche nur einen bestimmten Farbton zum Ausdruck bringt und keinen unbunten Anteil enthält, heißt *Vollfarbe*. Alle wirklich vorkommenden Farben enthalten neben der Vollfarbe noch einen unbunten Anteil, nämlich Weiß und Schwarz.

53
54
55
56
57
58
59
60
61
62
63
64
65
66
67
68

Die Farbtonreihe. Die Farbtöne bilden ähnlich wie die Helligkeiten der unbunten Farben eine stetige Reihe. Sind beliebig viele Farben gegeben, so werden sie von verschiedenen Beobachtern übereinstimmend geordnet, da man gewisse Farbtöne als näherstehend oder ähnlicher empfindet, andere als ferner oder weniger ähnlich.

Eine willkürliche Reihe bunter Farben, wie sie in 53-60 gegeben ist, wird nach Maßgabe von 61-68 geordnet, wenn man mit Gelb anfängt und nach Rot weitergeht.

Während aber bei der unbunten Helligkeitsreihe niemals Ausnahmen beobachtet worden sind, gibt es einzelne Personen, deren Urteil in bezug auf die bunten Farben unvollkommen oder gar abweichend ist. Wir sehen von diesen Ausnahmen ab und beschränken uns auf die Menschen mit übereinstimmendem Urteil, welche die große Mehrheit bilden, die „Farbtüchtigen".

Der Farbtonkreis. Unähnlich der unbunten Reihe, welche die zweifellosen Endpunkte Weiß und Schwarz besitzt, hat die Farbtonreihe keine solche ausgezeichneten Punkte. Wir können vielmehr die Reihe mit jedem Farbton anfangen und finden jedesmal folgendes. Zunächst entfernen sich die nachgeordneten Farbtöne zunehmend vom Anfangspunkt. Das geht aber nur bis zu einer gewissen Stelle, und von dort ab werden die Farbtöne der Ausgangsfarbe wieder zunehmend ähnlicher, so daß der letzte dem ersten am ähnlichsten ist. Die Reihe der Farbtöne kehrt also in sich zurück und bildet einen Ring, den man am einfachsten als einen Kreis darstellt. Statt also die Farbtöne längs einer geraden Linie zu ordnen, wie 61–68, ordnet man sie besser in einem Kreise an wie nebenstehend in 69–76. Hier kann man die Farbtonreihe an jedem Punkt beginnen und kommt wieder auf diesen Punkt zurück, wenn man die Reihe vollständig durchlaufen hat.

Anfangspunkt und Fortschrittssinn. Um die einzelnen Glieder der Reihe bezeichnen zu können, muß man an einem willkürlich gewählten Punkte beginnen. Wir wählen als Anfangspunkt der Farbtonreihe den hellsten Punkt, das reine Gelb, das weder grünlich noch rötlich ist.

Ferner muß man den Sinn des Fortschreitens in der Reihe willkürlich festlegen. Bei der Graureihe besteht ein einsinniger Unterschied zwischen heller und dunkler; im Farbenkreis besteht ein solcher fortschreitender Unterschied nicht; man kann sich vom Punkte Gelb ebenso gut nach der roten wie nach der grünen Seite wenden. Wir setzen fest, daß wir von Gelb immer nach der roten Seite fortschreiten.

Stetigkeit und Schwelle. Ebenso wie die Graureihe ist die Farbtonreihe stetig. Man kann zwischen zwei verschiedenen Farbtönen stets einen dritten einschalten, der beiden ähnlicher ist, als beide untereinander sind, und dieses Verfahren fortsetzen, bis man keinen Unterschied mehr erkennen kann. Dann sind die Farbtöne gleich.

Auch hier gibt es eine Schwelle für die Unterschiedsempfindung, unterhalb deren objektiv vorhandene Verschiedenheiten keine Verschiedenheit der Empfindung mehr bewirken. Es ist deshalb möglich, den ganzen Farbtonkreis stetig auszufüllen, d. h. so, daß man nirgends einen Unterschied zweier aneinandergrenzender Farbtöne empfindet. Die Anzahl der hierzu erforderlichen Farbtöne beträgt rund 300.

Gegenfarben. Wenn man sich im Farbtonkreis von einem gegebenen Farbton entfernt, so werden die Farben zunehmend unähnlicher. Dies geht aber, wie erwähnt, nicht unbegrenzt weiter, denn da der Farbenkreis in sich zurückläuft, so müssen die Farben von einer bestimmten Stelle ab sich wieder ähnlicher werden, bis man zum Ausgangspunkt zurückgelangt ist. Wenn wir auf S. 20 die Farbe 69 zum Ausgangspunkt wählen, so ist ihr 71 weniger ähnlich als 70, 72 ist noch weniger ähnlich, und bei 73 kann überhaupt nicht mehr von Ähnlichkeit die Rede sein. Dagegen beginnt 74 sich bereits in seinem Aussehen 69 anzunähern, 75 kommt ihm noch näher, und 76 kann bereits recht ähnlich genannt werden.

Ganz die gleiche Betrachtung läßt sich für jede andere Farbe anstellen.

Es gibt also für jeden Farbton im Farbtonkreise einen anderen, welcher von ihm am meisten verschieden ist. Dies Verhältnis ist gegenseitig. Der ganze Farbtonkreis ist erfüllt von solchen Paaren entgegengesetzter Farben, welche G e g e n f a r b e n genannt werden sollen.

Die Gegenfarben werden im Farbtonkreis so geordnet, daß sich jedes Paar an den Endpunkten eines Durchmessers befindet. Damit dies möglich ist, muß jede Farbe b, welche zwischen zwei Farben a und c liegt, eine Gegenfarbe b′ haben, welche zwischen den Gegenfarben a′ und c′ von a und c liegt. Dies trifft ausnahmslos zu.

Die Bestimmung der Gegenfarbe zu einem gegebenen Farbton nach dem Grundsatz der mindesten Ähnlichkeit ist sehr ungenau, da man über ein großes Gebiet zweifelhaft bleibt, wo die Ähnlichkeit am geringsten ist. Genaue Bestimmungen gewinnt man nach dem Verfahren der Mischung.

Mischung. Vermischt man zwei Farben, deren Farbtöne sich nahestehen, so entsteht eine neue Farbe, welche zwischen den beiden Bestandteilen liegt, d. h. jeder von ihnen ähnlicher ist als beide einander. Dies gilt ebenso für die mechanische Mischung der Farbstoffe wie für die optische der farbigen Lichter.

Hierbei macht sich aber ein neuer Umstand geltend, der bei den grauen Farben nicht vorhanden ist. Bei jeder Mischfarbe ist die b u n t e Beschaffenheit weniger ausgeprägt als bei den Bestandteilen; die Mischfarbe ist t r ü b e r oder weniger r e i n (S. 17). Diese Änderung ist um so stärker, je weiter die Bestandteile voneinander im Farbenkreis abstehen. Zuletzt gelangt man zu einem Farbenpaare, welches bei der Mischung reines Grau ergibt. Dies sind die unähnlichsten Farben oder Gegenfarben, die sich nach diesem Verfahren sehr genau bestimmen lassen. Wir definieren daher:

Gegenfarben sind solche Farben, welche bei der optischen Mischung neutrales Grau ergeben.

Überschreitet man die Gegenfarbe, so entstehen wieder zunehmend reinere Mischfarben.

Um die wichtigsten Gegenfarben kennen zu lernen, betrachtet man den Farbenkreis S. 20. Hier sind die Farben so gewählt, daß die Gegenfarben sich genau gegenüberliegen. Man findet folgende Paare, die mit den üblichen, recht unbestimmten Farbennamen bezeichnet sind:

Gelb – Ultramarinblau oder Ublau
Kreß[1] – Eisblau
Rot – Seegrün
Veil[2] – Laubgrün.

In der Hauptsache machen sich die beiden Paare Gelb-Blau und Rot-Grün geltend; die dazwischenliegenden treten zurück.

Der hundertteilige Farbtonkreis. Durch jedes Paar von Gegenfarben wird der Farbtonkreis in zwei Halbkreise geteilt. Geht man von dem Paar Gelb-Blau aus, so befinden sich auf der ersten Hälfte die Farben Gelb, Kreß, Rot, Veil bis Ublau mit allen Übergängen. Auf der anderen Hälfte liegen Ublau und Eisblau nebst Seegrün und Laubgrün mit ihren Übergängen.

Jede Hälfte wird nun weiter nach dem Grundsatz geordnet, daß irgendwelche zwei Farben zu gleichen Teilen gemischt die Farbe bestimmen, welche zwischen ihnen in der Mitte liegt. Aus dem so entstehenden stetigen Kreise werden 100 Stufen gleichen Abstandes gewählt, welche die Nummern 00–99 erhalten. Alsdann entfallen die Stufen 00–24 auf die Farben von Schwefelgelb bis Zinnoberrot, 25–49 reichen von dort bis Ublau, 50–74 von dort bis Seegrün, 75–99 von dort bis Schwefelgelb.

Die einzelnen Stufen liegen so nahe nebeneinander, daß ihre Unterscheidung bereits etwas schwierig ist, sie befinden sich also schon in der Nähe der Schwelle. Deshalb ist es zulässig, Bruchteile der Stufen unberücksichtigt zu lassen und sie auf die nächstliegende ganze Zahl abzurunden. Für 31¼ schreiben wir also 31 und 63 für 62½. Die Farben des achtteiligen Kreises

1 Kreß für Orange.
2 Veil für Violett.

von S. 20 erhalten derart statt der Zahlen 00, 12½, 25, 37½, 50, 62½, 75, 87½ die Zahlen 00, 13, 25, 38, 50, 63, 75, 88 zugeordnet.

Zur vollständigeren Übersicht des Farbtonkreises ist nebenstehend ein vierundzwanzigteiliger dargestellt; bei den einzelnen Farben ist die Nummer ihres Farbtons angegeben.

Diese 24 Farben sind aus den 8 Hauptfarben des Kreises S. 20 entstanden, indem jede von diesen in drei gleichabständige Stufen zerlegt wurde. Nennt man diese erstes, zweites, drittes Gelb, erstes, zweites, drittes Kreß usw. und bestimmt (unter Abrundung der Brüche) ihre Stellung im 100 teiligen Farbtonkreise, so erhält man folgende Übersicht:

	erstes	zweites	drittes		erstes	zweites	drittes
Gelb	00	04	08	Ublau	50	54	58
Kreß	13	17	21	Eisblau	63	67	71
Rot	25	29	33	Seegrün	75	79	83
Veil	38	42	46	Laubgrün	88	92	96

Man präge sich diese Zahlen und Namen gut ein, da sie unaufhörlich angewendet werden.

Als Stellvertreter der 8 Hauptfarben dienen die in der Mitte liegenden zweiten Farben, also 04 für Gelb, 17 für Kreß, 29 für Rot usw.

Normung der Farbtöne. Da die eben beschriebenen 24 Farbtöne im allgemeinen ausreichen, um den Bedürfnissen der Praxis zu genügen, so kann man sie als F a r b t o n n o r m e n benutzen, zumal sie so bestimmt worden sind, daß sie um gleich viel von einander abstehen und den Farbtonkreis gleichförmig überdecken.

Dem Anfänger erscheinen allerdings die Farben im Eisblau und Seegrün näherstehend und schwerer unterscheidbar als die anderen. Dies rührt daher, daß uns das Gebiet nur wenig bekannt ist, da diese Farben in der Natur kaum vorkommen. Die Blumenfarben gehen nicht über das dritte Ublau hinaus, und die Blätterfarben beginnen erst mit Laubgrün. Es fehlen also Eisblau und Seegrün. Dieselben Farben fehlen bei den Schmetterlingen und unter den Vögeln zeigt sie nur der seltene und scheue Eisvogel. Alle anderen Farbtöne sind dagegen reichlich und mannigfaltig vertreten und sind uns daher wohlbekannt.

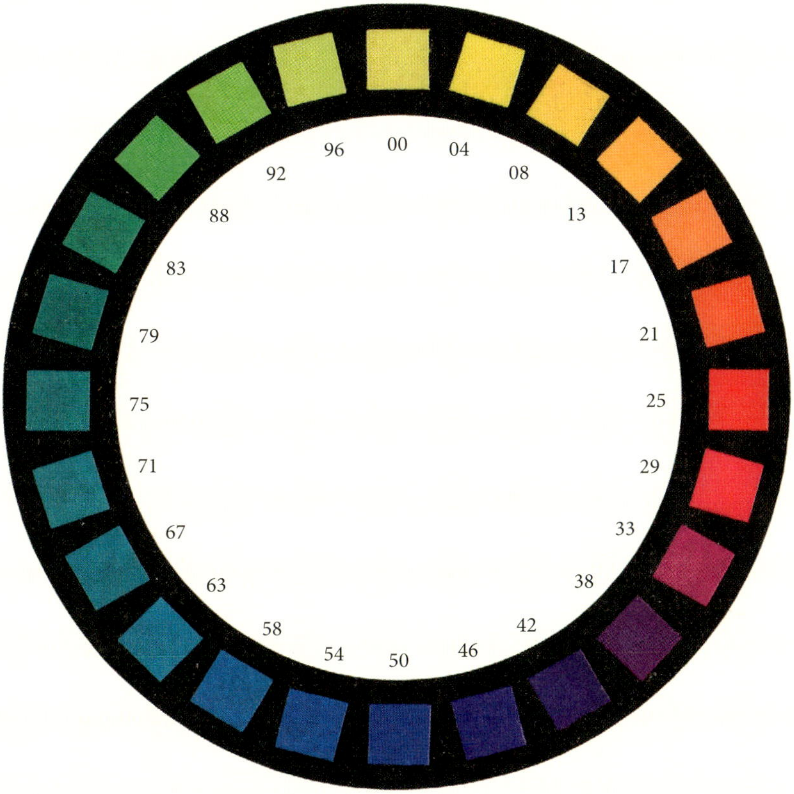

77 bis 100.
(Die Zählung beginnt bei dem Farbton 00 und läuft im Sinne des Uhrzeigers.)

Dritter Abschnitt

Hellklare und dunkelklare Reihen

Vollfarben. Farben, welche nur den Farbton zum Ausdruck bringen, ohne beigemischtes Weiß, Grau oder Schwarz (S. 17 und 18) heißen Vollfarben: Sie sind Ideale, die in wirklichen Aufstrichen oder Färbungen sich nicht herstellen lassen, denn solche enthalten immer Weiß und Schwarz neben der Vollfarbe. Die S. 19 u. f. verwendeten Farben, die sich den Vollfarben soweit nähern, als es technisch möglich war, enthalten alle noch rund 5 v. H. Weiß und wechselnde Mengen Schwarz.

Die hellklaren Reihen. Die Farben, welche durch Zusatz von Weiß zur Vollfarbe entstehen, wie 41-44, sollen hellklare Farben genannt werden. Sie haben folgende Besonderheiten.

Kleine Mengen Weiß, die man der Vollfarbe zufügt, machen sich im Aussehen sehr stark geltend, ähnlich wie kleine Mengen Weiß im Schwarz. Doch ist dieser Einfluß vom Farbton abhängig. Er ist am deutlichsten bei Blau und Veil, schwächer bei Gelb. Das hängt mit der Eigenhelligkeit der Farbe zusammen, die beim Gelb am größten, beim Blau am kleinsten ist.

Umgekehrt werden kleine Mengen Vollfarbe, die man dem Weiß zufügt, sehr wenig bemerkt. Zunächst erscheint das Weiß nur etwas dunkler, ohne daß man den Farbton deutlich erkennen kann, und erst wenn der Zusatz rund 10 v. H. überschreitet, macht sich der Farbton als solcher geltend. Auch hier werden Verschiedenheiten mit dem Farbton beobachtet.

Es bestehen also für die Mischungen aus Weiß und Vollfarbe ganz ähnliche Beziehungen wie die für die Mischungen aus Weiß und Schwarz.

Im übrigen verlaufen die hellklaren Reihen zwischen Weiß und Vollfarbe ebenso stetig, wie zwischen Weiß und Schwarz, und es besteht auch hier eine Unterschiedsschwelle, die von den gleichen Bedingungen abhängig ist wie die unbunte. Es gibt deshalb zwischen Weiß und jeder Vollfarbe einige Hundert unterscheidbare Abstufungen.

Normung der hellklaren Farben. Um in die unübersehbar große Mannigfaltigkeit der bunten Farben Ordnung und Übersicht zu bringen, ist es auch hier nötig, sie zu n o r m e n, wie das in der Graureihe geschehen war. Diese Arbeit wird dadurch erleichtert, daß in beiden Fällen ganz ähnliche Gesetze bestehen.

Um nämlich Abstufungen hellklarer Farben herzustellen, welche gleichabständig erscheinen, muß man die Verhältnisse ebenso nach einer geometrischen Reihe bestimmen wie bei der Graureihe (S. 15). Dabei tritt die Vollfarbe an die Stelle des Schwarz, während die Anteile des Weiß dieselben sind, wie dort. Man bezeichnet sie demgemäß auch mit den gleichen Buchstaben a c e g i l n p usw., wobei a wie in der unbunten Reihe Weiß (ohne Buntfarbe) bedeutet. Mit e wird die blasseste, d. h. am meisten Weiß enthaltende Farbe bezeichnet, mit p die tiefste mit dem wenigsten Weiß. Doch ist p keineswegs die tiefste überhaupt herstellbare Farbe, denn auf Seide, insbesondere Samt kommt man noch tiefer. Nur die benutzten Papierfärbungen bewirken hier eine praktische Grenze.

Bezeichnung der hellklaren Farben. Von jeder Vollfarbe leitet sich eine Reihe hellklarer Farben bis zum Weiß ab. Da wir 24 Farbtonnormen haben, so entstehen 24 Reihen genormter hellklarer Farben, die erstens durch die Nummer des Farbtons, zweitens durch die Stufe des Weißgehaltes gekennzeichnet sind. So gehören zum zweiten Ublau 54 die hellklaren Abkömmlinge mit dem Weißgehalt c, e, g, i, l, n, p, und es liegt nahe, diesen Farben die Zeichen 54 c, 54 e, 54 g usw. zu erteilen. Um aber zum Ausdruck zu bringen, daß es sich um hellklare, also (annähernd) schwarzfreie Farben handelt, fügen wir den Buchstaben a hinzu, der ja Weiß, also die Abwesenheit von Schwarz bedeutet. Die erwähnten Farben erhalten also die Zeichen 54 ca, 54 ea, 54 ga usw.

Da jede Vollfarbe derart 7 hellklare Abkömmlinge bekommt, ist die Anzahl der hellklaren Normen 7 × 24 = 168.

Die hellklaren Reihen 29 ca–29 pa und 79 ca–79 pa sind umstehend zur Anschauung gebracht.

Herstellung. Dem Maler sind die hellklaren Reihen bekannt, da sie (annähernd) entstehen, wenn man einen möglichst reinfarbigen Farbstoff mit zunehmenden Mengen eines weißen vermischt. Bei der Malerei mit

Farbton 29		Farbton 79
101	ca	108
102	ea	109
103	ga	110
104	ia	111
105	la	112
106	na	113
107	pa	114

Wasserfarben werden ähnliche Reihen erhalten, wenn man den Farbstoff in immer dünneren Schichten auf das weiße Papier legt. Hierbei stellt sich heraus, daß auch diese Reihen (wie alle Reihen in der Farbenlehre) stetig verlaufen.

Eine genauere Untersuchung ergibt indessen, daß beim Vermischen mit Weiß oder Verdünnen mit Wasser der Farbton des Pigments meist eine Veränderung erfährt. Im Kreß geht der Farbton mit zunehmender Verdünnung nach Gelb. Im Rot um 25 wird er blauer, um 33 bleibt er stehen, darüber hinaus weicht er nach Blau ab.

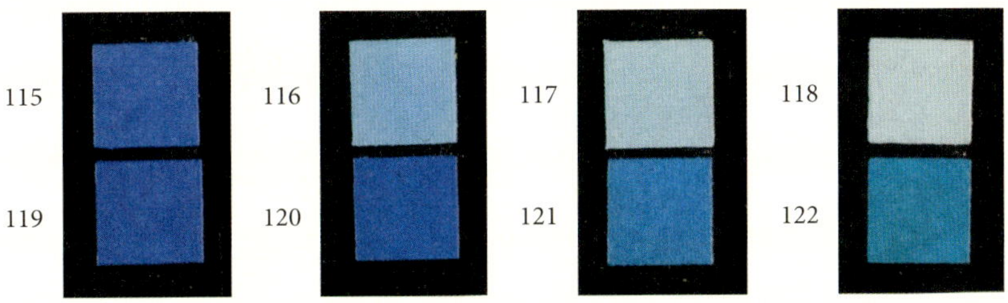

Veil wird blauer, Blau wird grüner bei der Verdünnung, Grün um 83 bleibt stehen, Gelbgrün wird blauer. Dies sind die allgemeinen Verhältnisse, die indessen noch durch die besondere Natur der Farbstoffe beeinflußt und abgeändert werden. Auch verhält sich derselbe Farbstoff etwas verschieden, wenn er mit Deckweiß vermischt oder als Lasur über Weiß gelegt wird, im ersten Falle werden die Mischungen im allgemeinen blauer. Dies rührt daher, daß alle „trüben Mittel" (zu denen Deckweiß gehört) eine blaue Farbe bewirken, wenn sie auf einem dunklen Grunde liegen. Ein solcher ist bei den Mischungen mit Deckweiß durch die Körnchen des Farbstoffs gegeben.

Die Blätter 115-118 zeigen die Farben eines blauen Farbstoffs (Preußischblau) bei zunehmender Verdünnung, während 119-122 die zugehörigen Farbtöne des Farbtonkreises zeigen. Man erkennt, daß die Abweichung um so größer wird, je weiter die Verdünnung geht. Zwischen 115 und 118 beträgt sie acht Stufen des Farbtonkreises.

Änderung des Aussehens. Durch die Verschiebung des Farbtons beim Verdünnen oder Mischen mit Weiß, welches fast die einzigen Erfahrungen sind, welche wir über die hellklaren Reihen machen, sind unsere ungeprüften

Vorstellungen über diesen Zusammenhang stark beeinflußt. Betrachtet man genaue hellklare Reihen, so wird man deshalb zunächst die Verdünnungen von Kreß, Veil und Ublau als zu rot, die von Eisblau und Gelbgrün als zu blau beurteilen. Wir müssen erst lernen, welches die richtigen Reihen sind.

123 124 125 126 127

Am auffallendsten ist die Abweichung um den Punkt 50 des Farbenkreises (Ublau). Man wird es zunächst nicht glauben wollen, daß die Reihe 123–127 wirklich denselben Farbton darstellt, der nur zunehmende Mengen Weiß enthält, sondern wird die helleren Farben als viel röter ansprechen. Tatsächlich erfordern aber alle diese Farben das gleiche Gelb Nr. 00 zur Neutralisierung, und man erhält die helleren Farben aus den dunkleren, wenn man sie optisch mit Weiß mischt.

Die dunkelklaren Reihen. Mischt man Vollfarben mit zunehmenden Mengen Schwarz, so entstehen *dunkelklare* Reihen, die ähnlichen Gesetzen folgen, wie die hellklaren. Während aber die hellklaren Reihen der verschiedenen Farbtöne sich technisch mit guter Annäherung verwirklichen lassen, gilt dies nicht für die dunkelklaren. Dies liegt daran, daß es keine schwarzen Aufstriche gibt, die nicht sehr deutlich erkennbare Mengen Licht zurückwerfen, wie man das beim Vergleich mit dem Schwarz des Dunkelkastens (S. 13) sieht. Ebenso werfen auch alle anderen dunkelfarbigen Aufstriche einige Hundertstel weißes Licht zurück, und dieses trübt in deutlicher Weise die Reinheit der Erscheinung.

Am besten kann man dunkelklare Farben an bunten Glasfenstern, namentlich alten Kirchenfenstern sehen, in deren Farben Weiß nicht oder nur wenig vorkommt. Dort, wo die Farben des bunten Glases (absichtlich durch das Einbrennen eines schwarzen Pulvers oder unabsichtlich durch Staub und Ruß) stufenweise bis zur Undeutlichkeit verdunkelt werden, erscheinen dunkelklare Farben, die von der reinen Farbe des bunten Glases bis zum vollständigen Schwarz führen. Hier ist eine Beimischung von

Weiß ausgeschlossen, weil deren Ursache bei Aufstrichen und Geweben, das von der Oberfläche zurückgeworfene ungefärbte Licht, nicht vorhanden ist.

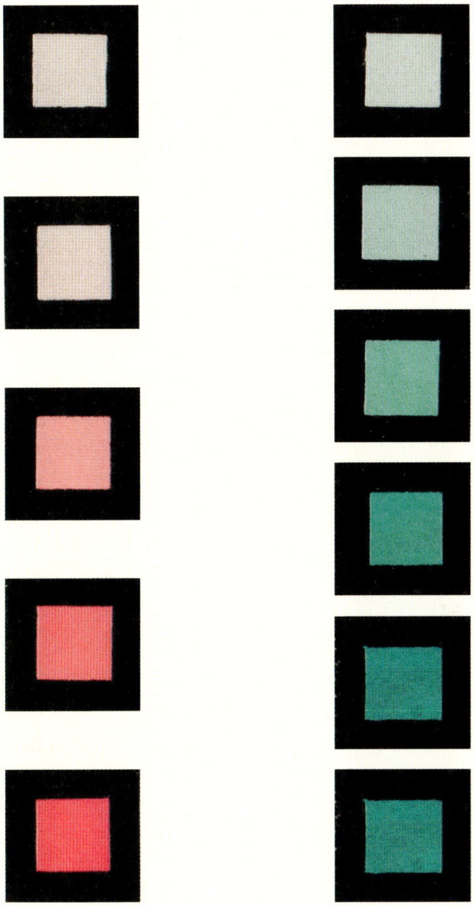

128 129 130 131 132

133 134 135 136 137 137

In Gestalt von Aufstrichen kann man die dunkelklaren Farben nur unvollkommen verwirklichen; die Farben der Blätter 128 bis 132 stellen die beste Annäherung dar, die sich mit den verfügbaren Hilfsmitteln erreichen läßt, doch enthalten sie noch 04-02 weißes Licht.

Abstufung der dunkelklaren Farben. Ein ähnliches Gesetz, wie es für die Abstufung der unbunten und der hellklaren Reihen maßgebend ist, gilt auch für die dunkelklaren. Nur nimmt hier die Vollfarbe dem Schwarz gegenüber die Stelle des Weiß ein. Das heißt: man kann große Mengen Schwarz zur Vollfarbe setzen, ehe es merklich wird, während schon kleine Mengen Vollfarbe im Schwarz deutlich erkennbar sind.

Gegenüber dem Weiß (in den hellklaren Farben) verhält sich also die Vollfarbe wie Schwarz, gegenüber dem Schwarz (in den dunkelklaren Farben) verhält sie sich wie Weiß.

Eine Bezeichnung der dunkelklaren Farben wie bei den hellklaren (S. 27) ist nicht erforderlich, weil sie praktisch nicht vorkommen.

Änderung des Aussehens. Während bei den hellklaren Reihen das blaue Gebiet die stärksten Änderungen des Aussehens aufweist, zeigen sich solche bei den dunkelklaren im Gelb. Wir pflegen verdunkeltes Gelb gar nicht Gelb zu nennen (während wir z. B. verdunkeltem Blau seinen Namen lassen), sondern Olivgrün. Die Farben 133–138 sind annähernd dunkelklare Gelbe des Farbtons 04 mit zunehmenden Mengen Schwarz und 04 Weiß. Sie machen ebenso den Eindruck einer wesentlichen Änderung des Farbtons nach der grünen Seite mit zunehmendem Gehalt an Schwarz, wie sich 123–127 mit zunehmendem Gehalt an Weiß nach der roten Seite zu verändern scheinen, während sie doch die gleiche Gegenfarbe haben und aus dem reinen Gelb 133 durch bloße Verdunkelung erzeugt werden können.

Auch hier liegt die Urteilstäuschung daran, daß wir im täglichen Leben keinerlei Gelegenheit haben, richtige (annähernd) dunkelklare Reihen kennenzulernen. Daß bei ihnen ein innerer Zusammenhang besteht, macht sich aber geltend, wenn man solche Reihen als Schmuckfarben verwertet, wobei sie ihren harmonischen Reiz entfalten.

Vierter Abschnitt

Die trüben Farben

Die Mannigfaltigkeit. Wenn eine Farbe neben der Vollfarbe gleichzeitig Weiß und Schwarz enthält, so heißt sie trüb. Versucht man sich alle trüben Ankömmlinge vorzustellen, die von einer gegebenen Vollfarbe abstammen können, so wird man gewahr,

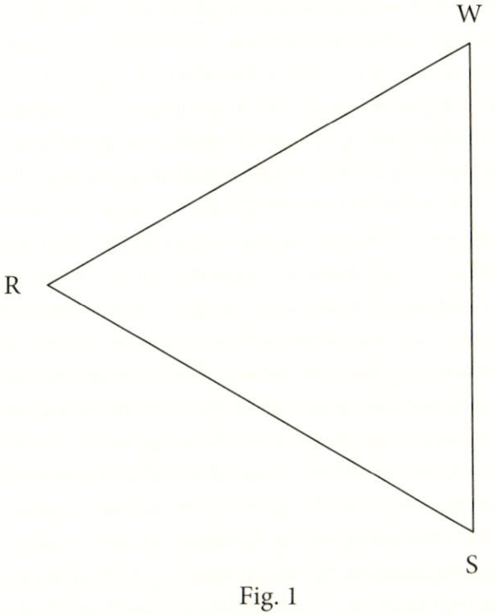

Fig. 1

daß dazu eine Reihe nicht ausreicht, in welcher Form wir bisher alle Abwandlungen der Farben hatten ordnen können. Denn zwischen einer Vollfarbe und jedem bestimmten Grau (z. B. dem Grau i) kann man eine solche stetige Reihe herstellen. Da aber jedes andere Grau mit derselben Vollfarbe eine andere Reihe gibt, und alle diese Reihen zusammen zu derselben Vollfarbe gehören, so muß eine andere, ausgiebigere Form der Darstellung gewählt werden.

Das farbtongleiche Dreieck. Eine solche Darstellung ergibt sich auf folgende Weise. Man stellt der senkrecht gestellten Graureihe ws (w = Weiß, s = Schwarz) die Vollfarbe r gegenüber und verbindet den Punkt r mit beiden Enden der Geraden ws, Fig. 1. Dadurch entsteht ein Dreieck r w s. In diesem kann man von dem Punkt der Vollfarbe r aus zu jedem Grau, d. h. zu jedem Punkt der Seite ws eine Gerade ziehen, auf welcher alle Abstufungen zwischen der Vollfarbe und dem entsprechenden Grau untergebracht werden können. Dadurch erhalten alle denkbaren Mischungen aus der Vollfarbe mit jedem Grau in jedem Verhältnis innerhalb des Dreiecks ihren Ort. Dieses umfaßt daher alle denkbaren derartigen Mischungen, d. h. alle denkbaren trüben Farben, die von der gewählten Vollfarbe abstammen.

Da in allen diesen Abkömmlingen die gleiche Vollfarbe vorhanden ist, sie also alle den gleichen Farbton haben, so heißt ein solches Dreieck ein farbtongleiches Dreieck.

Die Farbengleichung. Jede Farbe besteht im allgemeinen aus einem Anteil r reiner Farbe, einem Anteil w Weiß und einem Anteil s Schwarz. Drückt man diese Anteile in Hundertsteln aus, so gilt für jede Farbe die Gleichung:

$$r + w + s = 100.$$

Bei trüben Farben haben alle drei Größen r, w und s endliche Werte. Bei hellklaren, die kein Schwarz enthalten, ist $s = 0$, bei dunkelklaren, die kein Weiß enthalten, ist $w = 0$. Bei unbunten Farben endlich ist $r = 0$.

Sind für eine bestimmte Farbe der Farbton und dazu zwei von den drei Werten r, w und s gegeben, so ist damit die Kennzeichnung der Farbe vollständig. Denn die dritte Größe ist dann gleichfalls bestimmt, da sie mit Hilfe der Gleichung berechnet werden kann. Es hat sich am zweckmäßigsten erwiesen, für die Kennzeichnung der Farben die Anteile Weiß und Schwarz unmittelbar anzugeben, die neben der reinen Farbe vorhanden sind. Demgemäß muß man die Reinheit, falls man sie erfahren will, mittels der Formel $r = 100 - w - s$ aus diesen Angaben berechnen.

Ausgezeichnete Reihen. Im farbtongleichen Dreieck sind uns die drei Seiten wohlbekannt. Denn ws ist die unbunte oder Graureihe, rw ist die hellklare und rs die dunkelklare Reihe.

Parallel diesen Seiten verlaufen im Dreieck gewisse Reihen, deren Farben untereinander in besonders nahem Verhältnis stehen, da in ihnen eine der Größen w oder s in der Farbengleichung unverändert bleibt. Wir erhalten derart die Weißgleichen und die Schwarzgleichen.

Die Weißgleichen verlaufen parallel der unteren Seite rs, in der die Dunkelklaren liegen (Fig. 2), denn diese, in denen der Weißgehalt überall Null ist, bilden die äußerste weißgleiche Reihe. Sie werden um so kürzer, je größer der Weißgehalt wird und je mehr sie sich der Ecke w nähern.

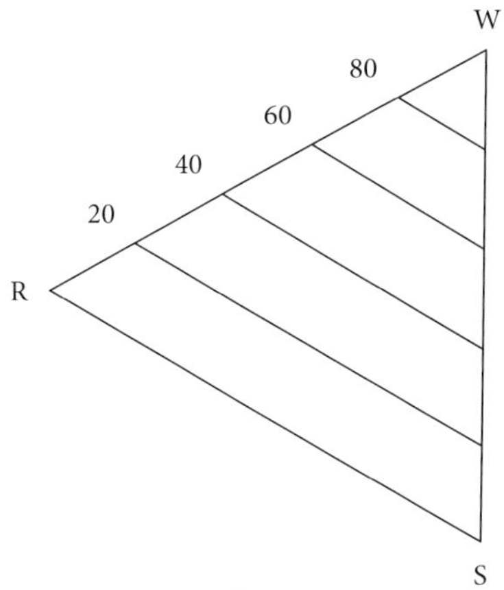

Fig. 2

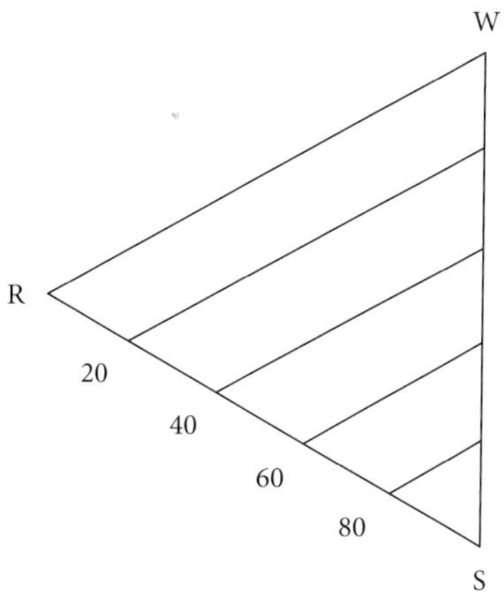

Fig. 3

Die Schwarzgleichen (Fig. 3) verlaufen parallel der oberen Dreieckseite rw, in der die Hellklaren liegen, denn diese mit dem Schwarzgehalt Null stellen die äußerste Schwarzgleiche dar.

Ortsbestimmung der Farben. Sind von einer Farbe das Weiß und das Schwarz gegeben, so bestimmt man ihren Ort im farbtongleichen Dreieck, indem man gemäß dem Weißgehalt die Weißgleiche und gemäß dem Schwarzgehalt die Schwarzgleiche zieht, der Durchschnitt beider Linien ist der Ort der Farbe. So hat z. B. (Fig. 4) eine Farbe vom Ton 56 mit 20 Weiß und 40 Schwarz den Ort F im farbgleichen Dreieck Nr. 56, denn F ist der Durchschnittspunkt der Weißgleiche 20 und der Schwarzgleiche 40.

Normung des farbtongleichen Dreiecks. Wie früher die Reihen ist jetzt die Fläche des farbtongleichen Dreiecks mit stetig

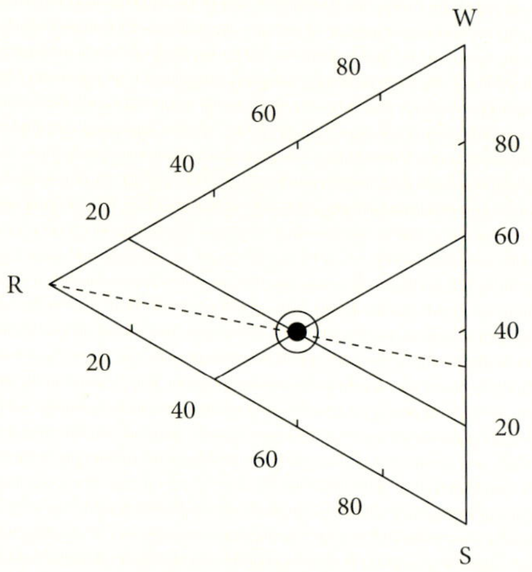

Fig. 4

ineinander übergehenden Farben bedeckt, deren unterscheidbare Anzahl in die Hunderttausende geht. Auch hier müssen wir Normen einführen, um Ordnung und Übersicht zu schaffen.

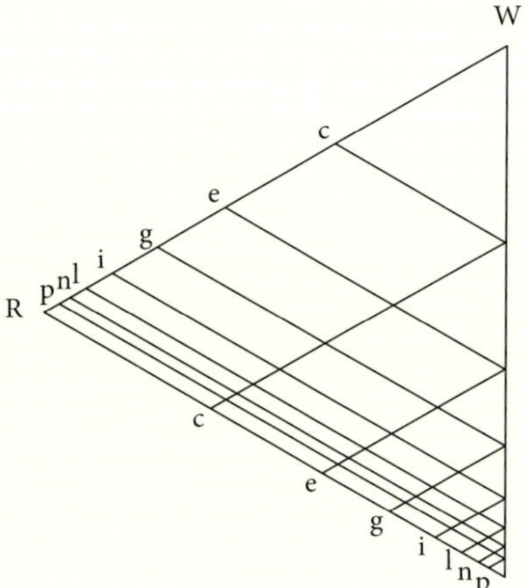

Fig. 5

Diese ergeben sich, wenn man von der bereits genormten unbunten Dreiecksseite ws ausgeht, die man gemäß den S. 35 angegebenen Normen einteilt. Zieht man von den Teilpunkten Parallelen zu den beiden anderen Seiten rw und rs, so wird das Dreieck in 28 Rauten zerlegt, welche sämtliche bunten Abkömmlinge der Vollfarbe umfassen. Außerdem entstehen längs der Seite ws noch 8 halbe Rauten, welche die unbunten Normen darstellen (Fig. 5).

Da wegen der geometrischen Reihe der Graustufen (S. 15) die Abstände nach s zu schnell kleiner werden, fallen die Rauten ungleich groß aus. Sollen

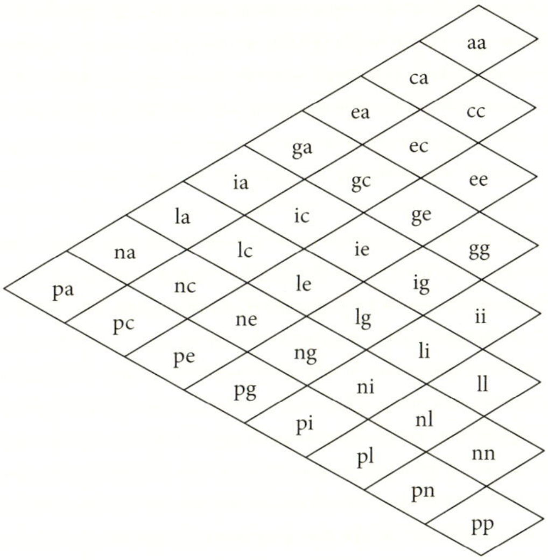

Fig. 6

gleichen Stufen der Empfindung gleich große Räume zugeordnet werden, so muß man das Dreieck gleichsam nach unten ausrecken, bis die Abstände auf der Seite ws gleich geworden sind (S. 35). Dann werden auch alle Rauten gleich groß und das Dreieck sieht aus wie Fig. 6, wo auch die halben Rauten längs ws ganz gemacht sind. Ein solches Dreieck ergibt die gesuchten Normen, indem man sich in jeder Raute die darin enthaltenen Farben zu einem Mittelwert gemischt denkt.

Einzelheiten der Normung. Auch in unserem neuen Dreieck verlaufen die Weißgleichen parallel der unteren Dreieckseite und die Schwarzgleichen parallel der oberen. Dabei sind die Gehalte an Weiß und Schwarz so geregelt, daß sie den Buchstaben a, c, e, g, i, l, n, p der unbunten Reihe (S. 15) entsprechen. Die unterste Weißgleiche hat z. B. denselben Weißgehalt wie das Schwarz p, es folgt die Weißgleiche mit dem Gehalt n, die Weißgleiche l, i, g, e, c. Eine Weißgleiche a gibt es nicht, weil a volles Weiß ist, also keine Buntfarbe neben sich enthalten kann.

Entsprechend verlaufen die Schwarzgleichen parallel der oberen Dreieckseite. Die oberste Schwarzgleiche ist die Reihe der hellklaren Farben, deren Schwarzgehalt annähernd Null und daher mit a zu bezeichnen ist. Es folgt die Schwarzgleiche mit dem kleinen Schwarzgehalt c, dann die Schwarzgleiche e, g, i, l, n. Für p gibt es wieder nur ein Feld, weil neben dem Schwarz kein Raum mehr für die bunte Vollfarbe ist.

In dem Dreieck Fig. 6 finden sich diese Verhältnisse übersichtlich veranschaulicht. Jede Raute enthält zwei Buchstaben, von denen der erste den Weißgehalt, der zweite den Schwarzgehalt der Farbe angibt, welche die Raute ausfüllt. Jede Raute enthält ein anderes Buchstabenpaar, stellt also eine andere Farbe dar, und für jedes mögliche Paar findet sich auch eine Raute. Das Dreieck enthält somit alle möglichen normgemäßen Abkömmlinge der gewählten Vollfarbe bis zum Weißgehalt p.

Die Doppelbuchstaben aa, cc usw. an der rechten Dreieckseite bezeichnen sachgemäß den Weiß- und Schwarzgehalt der unbunten oder grauen Farben. Da diese aber durch einen dieser Werte bereits ausreichend gekennzeichnet sind, so genügt es, die einfachen Buchstaben zu schreiben, wie es bisher auch geschehen war.

Nebenstehend ist das farbtongleiche Dreieck des Farbtons 04 zur Anschauung gebracht. Nur ist aus technischen Gründen je eine Stufe übersprungen, so daß nur die Normen a, e, i, n ausgeführt sind.

Verschiedene Farbtöne. Ein Dreieck, wie es eben beschrieben worden ist, gehört zu jedem Farbton. Da deren Normung 24 Farbtöne ergeben hatte (S. 24), so gibt es 24 farbtongleiche Dreiecke.

In jedem Dreieck sind 28 nach Weiß und Schwarz verschiedene bunte Normen enthalten. Die Zahl der bunten Farbnormen beträgt daher $24 \times 28 = 672$. Dazu kommen noch die 8 unbunten, so daß die Gesamtzahl der Farbnormen sich auf 680 stellt.

Dies gilt unter der Voraussetzung, daß wir die Reihen bei p abbrechen. Gestattet die Technik, noch weißärmere Farben herzustellen (S. 27), so wächst auch die Anzahl der Normen, und zwar in schneller Steigerung.

Die Farbzeichen. Die Doppelbuchstaben, welche den Gehalt der Farben an Weiß und Schwarz angeben, sind gleichzeitig das beste Mittel, sie kurz und unverwechselbar zu bezeichnen. Dazu ist nur erforderlich, noch die Nummer des Farbtons anzugeben, die für jedes farbtongleiche Dreieck dieselbe ist. So bedeutet z. B. 29 1e eine Farbe mit dem Farbton 29 (zweites Rot), dem Weißgehalt 1 und dem Schwarzgehalt e.

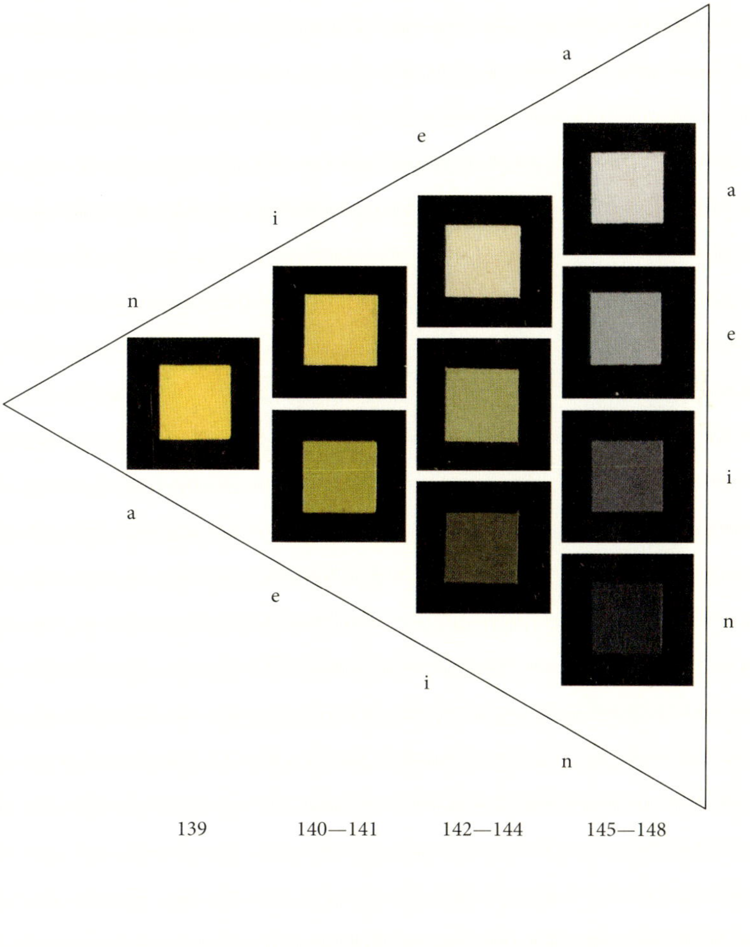

Wir nennen solche Zusammenstellungen aus der Farbtonnummer und den Buchstaben für den Gehalt an Weiß und Schwarz Farbzeichen. Sie haben eine ähnliche Bedeutung für die Farbenlehre, wie die Musiknoten für die Tonlehre. Denn sie dienen nicht nur dazu, die verschiedenen Farben kurz und eindeutig zu bezeichnen, sondern geben gleichzeitig Mittel an die Hand, sie zu ordnen und aus ihnen die zueinander passenden oder harmonischen Farben ausfindig zu machen.

Fünfter Abschnitt

Der Farbkörper

Die Gesamtheit aller Farben. Der Farbtonkreis enthält alle Farbtöne; jedes farbtongleiche Dreieck enthält alle Abkömmlinge eines gegebenen Farbtons nach Weiß und Schwarz. Außerdem gibt es keine Möglichkeit, eine Farbe zu ändern (S. 18). Stellt man daher alle Dreiecke derart zusammen, daß der Farbtonkreis gebildet wird, so gewinnt man eine Darstellung der gesamten Farbenwelt.

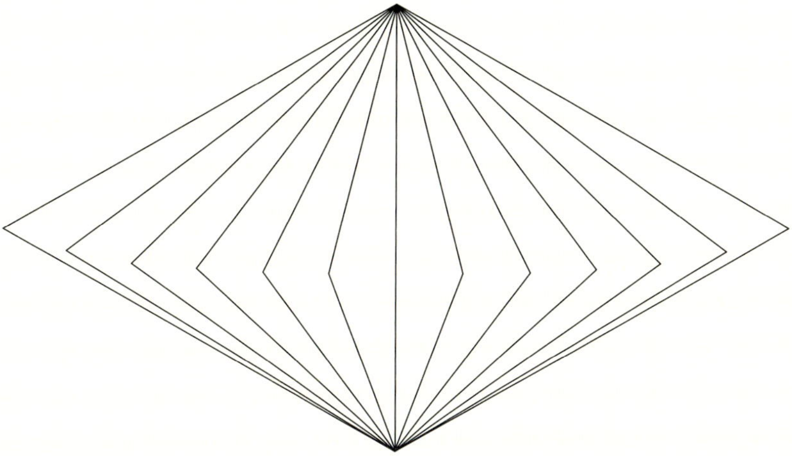

Fig. 7

Der Farbkörper. Eine solche Zusammenstellung entsteht, wenn man alle farbtongleichen Dreiecke mit ihrer unbunten Seite, die ja bei allen dieselbe ist, so um eine gemeinsame Achse ordnet, daß die Dreiecke nach allen Seiten in den Raum hinaus streben (Fig. 7). Sie bilden dann, stetig gedacht, einen Doppelkegel (Fig. 8), dessen Spitzen oben Weiß, unten Schwarz tragen, während im Umfange die Vollfarben liegen, die den Farbtonkreis bilden. Die obere Kegelfläche enthält die hellklaren, die untere die dunkelklaren

Farben. Im Inneren liegen die trüben Farben, die um so blasser werden, je mehr sie sich der oberen, und um so schwärzlicher, je mehr sie sich der unteren Spitze nähern. In der Achse zwischen beiden Spitzen verlaufen die unbunten Farben.

Man nennt diesen Doppelkegel, der die ganze Welt der Farben einschließt, den Farbkörper.

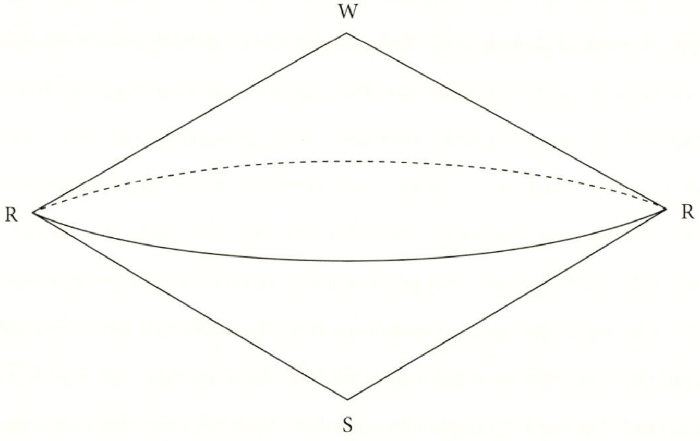

Fig. 8

Die Normen im Farbkörper. An die Stelle des stetigen Farbkörpers, wie ihn die allgemeinste Betrachtung liefert, tritt für alle Anwendungen der genormte, der aus einer endlichen Anzahl von Farben besteht, die nach gleichen Abständen der Empfindung geordnet sind. Und zwar ergibt die Beschreibung des farbtongleichen Dreiecks (S. 36) unmittelbar die Ordnung der Farbnormen im Farbkörper.

Hierbei ist zu bemerken, daß die untere Kegelfläche, welche alle Farben mit dem Weißgehalt p enthält, nicht die absolut unterste ist, über die hinaus es keine gibt (S. 21). Vielmehr können sich dort noch tiefere Farben einstellen, sobald weißärmere Gebiete erreicht werden, was bereits mehrfach möglich ist.

Hauptschnitte. Um eine genauere Anschauung davon zu gewinnen, wie der Farbkörper eigentlich aussieht, denkt man ihn zweckmäßig nach gewissen Richtungen durchschnitten, um sein Inneres bloßzulegen. Am lehrreichsten sind solche Schnitte, welche ihn in zwei Hälften teilen, indem sie von Spitze zu Spitze längs der Achse durchgeführt werden (Fig. 9). Es werden dadurch jedesmal zwei farbtongleiche Dreiecke bloßgelegt, deren Farbtöne sich im Farbkreise gegenüberliegen, die also Gegenfarben (S. 22) sind.

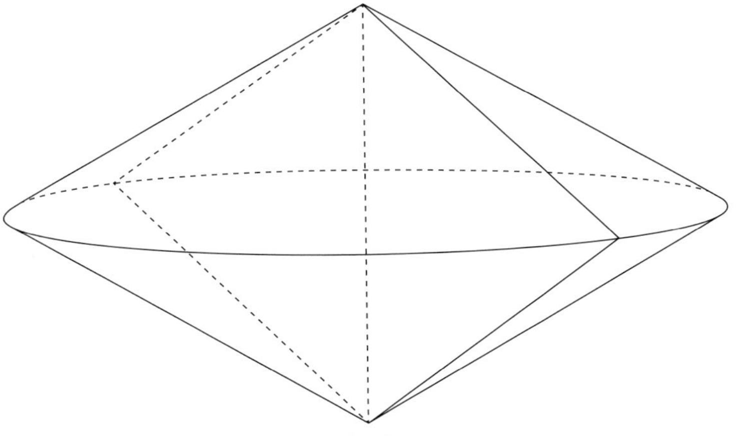

Fig. 9

Die umstehenden Bilder geben vier solche „Hauptschnitte“ wieder, welche die acht Hauptfarben paarweise enthalten. Der Einfachheit wegen ist wieder in der Reihe a c e g i l n p jeder zweite Buchstabe fortgelassen worden. So ist die Grundreihe a e i n entstanden, welche für die Buntfarben die Zeichen ea, ia, ie, na, ne, ni ergibt. Statt der 64 Rauten eines vollständigen Hauptschnittes treten deshalb hier nur je 16 auf und der ganze Farbkörper wird von 48 bunten und 4 unbunten Farben gebildet.

Man erkennt in jedem Hauptschnitt die unbunte Achse, welche inmitten der Raute von oben nach unten verläuft. Von ihr aus steigen beiderseits die Weißgleichen schräg aufwärts und fallen die Schwarzgleichen schräg abwärts. Je näher die Farben der Achse liegen, um so weniger rein sind sie.

Die Schattenreihen. Außer den Weiß- und Schwarzgleichen, die den Dreieckseiten parallel laufen, gibt es noch eine wichtige Klasse zusammengehöriger Farben. Sie verlaufen von oben nach unten, parallel der unbunten Hauptachse, und werden um so weniger, je mehr sie sich den äußeren Ecken der Rauten nähern.

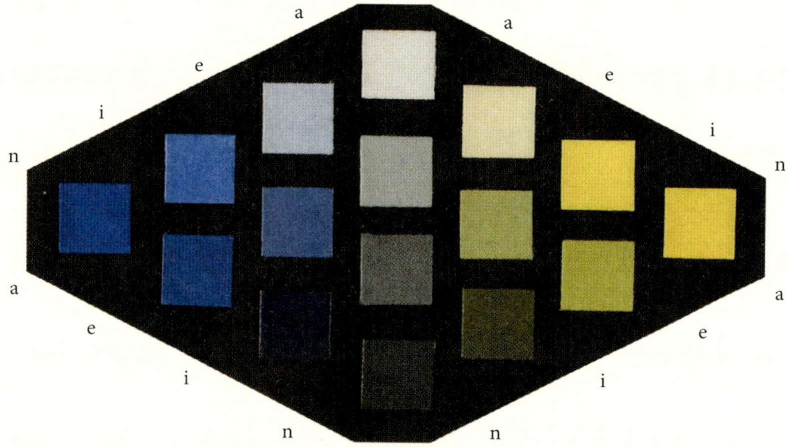

149 150-151 152-154 155-158 159-161 162-163 164

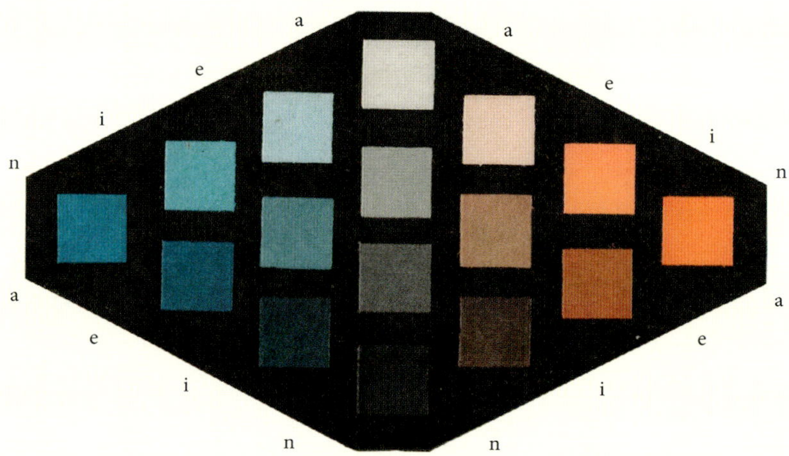

165 166-167 168-170 171-174 175-177 178-179 180

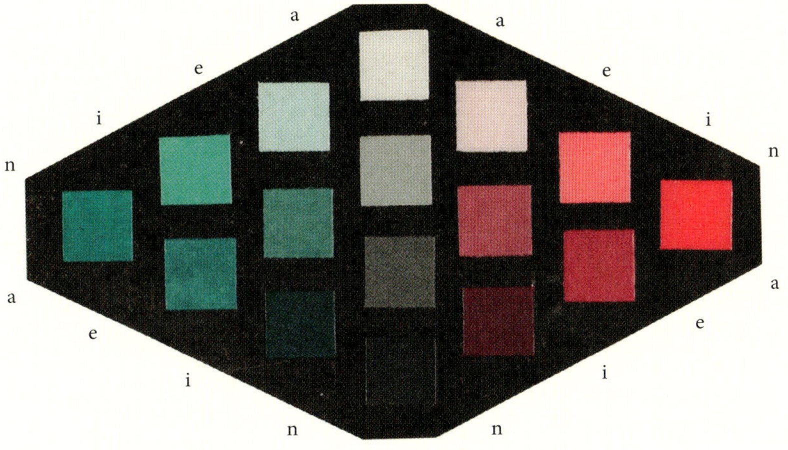

181 182–183 184–186 187–190 191–193 194–195 196

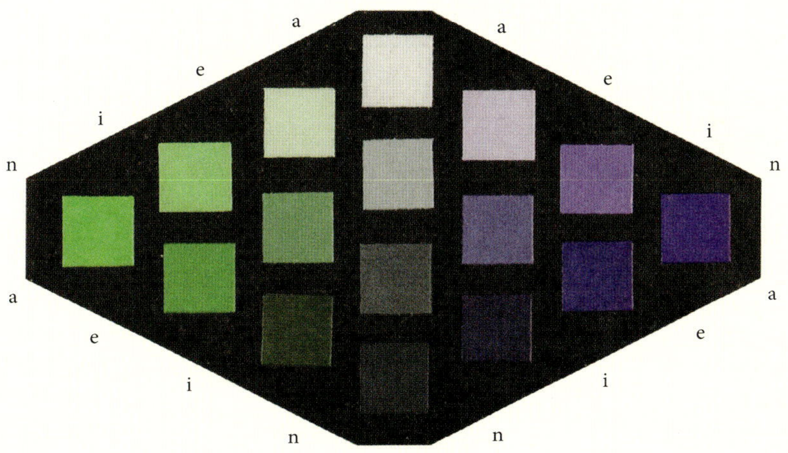

197 198–199 200–202 203–206 207–209 210–211 212

Man nennt diese Reihen die Schattenreihen, weil sie die Farben enthalten, welche aus einander durch Beschattung oder Aufhellung entstehen. Sie sind von besonderer Wichtigkeit, weil man ihnen entnehmen kann, wie ein Körper von gegebener Farbe zu schattieren ist.

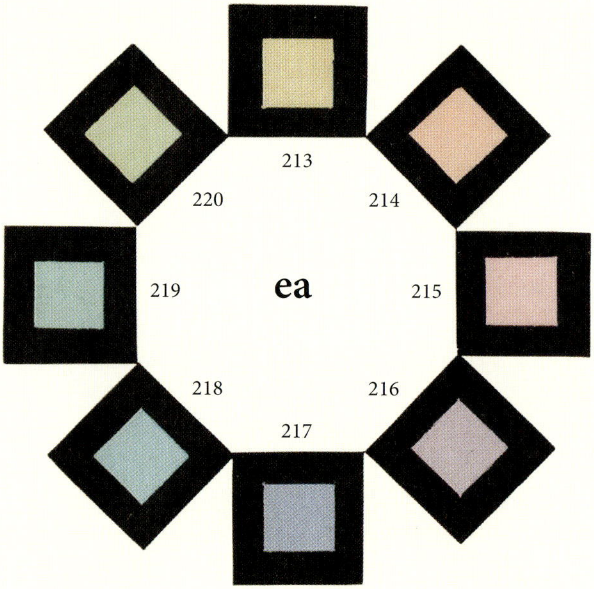

Wertgleiche Kreise. Ebenso, wie die reinsten Farben unseres Farbkörpers, die in der Kante des Doppelkegels liegen, dort einen Farbtonkreis wie S. 42 bilden, findet dies für jedes andere Feld des farbtongleichen Dreiecks statt. Dabei sind die Kreise je nach der Lage des Feldes größer oder kleiner und fallen insbesondere für alle Glieder einer Schattenreihe gleich groß aus, da diese von der Hauptachse um gleichviel abstehen.

In jedem dieser Kreise ist der Weiß- und Schwarzgehalt überall gleich, da die entsprechenden Felder der Dreiecke gleiche Buchstaben tragen. Man nennt die Farben solcher Kreise wertgleich und kann jeden von ihnen durch das zugehörige Buchstabenpaar kennzeichnen. So gibt es die Kreise ca, ea, ec, ga usw. bis pn, im Ganzen 28 gleichwertige Kreise. Da jeder 24 Farben enthält, so ist die Gesamtzahl 24 × 28 = 672, wie oben (S. 38) gefunden.

Beistehend sind zwei wertgleiche Kreise ea und ni (auf die 8 Hauptfarben abgekürzt) dargestellt, von denen der eine viel Weiß, der andere viel Schwarz enthält.

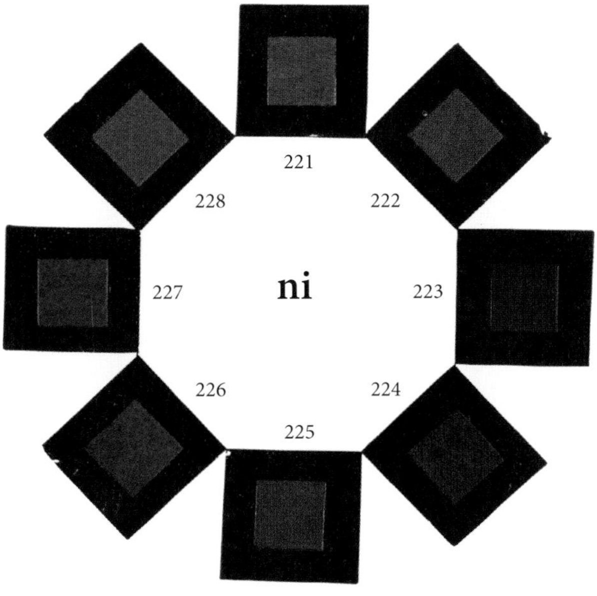

Man kann also auch alle Farben nach 28 wertgleichen Kreisen statt nach 24 farbtongleichen Dreiecken ordnen. Jede dieser Ordnungen bringt gewisse wichtige Beziehungen zum Ausdruck, nämlich hier die Gleichheit des Farbtons, dort die Gleichheit des Weiß- und Schwarzgehaltes. Beide Ordnungen sind im Farbkörper gleichzeitig vorhanden, denn alle Farbkreise haben ihren Mittelpunkt in der Achse des Farbkörpers und alle Dreiecke liegen in Hauptschnitten. Dies ist von besonderer Wichtigkeit für die Frage nach der Harmonie der Farben.

Sechster Abschnitt

Die Harmonie der Farben

Das Grundgesetz. Die Erfahrung lehrt, daß gewisse Zusammenstellungen verschiedener Farben angenehm, andere unangenehm oder gleichgültig wirken. Es entsteht die Frage, wovon dies abhängt.

Die Antwort lautet: Angenehm wirken solche Farben, zwischen denen ein gesetzmäßiger Zusammenhang, d. h. eine Ordnung besteht. Fehlt ein solcher, so wirken sie unangenehm oder gleichgültig.

Angenehm wirkende Farbengruppen nennen wir harmonisch; wir können daher das Grundgesetz aufstellen:

Harmonie = Ordnung.

Um alle möglichen Harmonien zu finden, muß man die möglichen Ordnungen im Farbkörper aufsuchen. Je einfacher die Ordnung ist, um so einleuchtender oder verständlicher ist die Harmonie. Solcher Ordnungen haben wir hauptsächlich zwei gefunden, nämlich die wertgleichen Farbkreise und die farbtongleichen Dreiecke. Die wertgleichen Kreise ergeben Harmonien aus verschiedenen Farbtönen, die Dreiecke ergeben farbtongleiche Harmonien.

Wertgleiche Harmonien. Abgesehen von den unmittelbar nebeneinander liegenden Farbtönen, wie 00, 04 oder 79, 83, deren Verschiedenheit nicht bestimmt genug ist, kann man jede Farbe eines Kreises mit jeder anderen zusammenstellen und erzielt stets eine Harmonie. Von diesen sind uns manche wohlbekannt, andere ungewohnt und fremd. Doch lernt man auch diese kennen und schätzen.

Bekannt sind vor allen die Gegenfarbenpaare, die um so eindringlicher wirken, je reiner die Farben sind[3]. Nachstehend sind die Gegenfarbenpaare

3 Früher hat man geglaubt, daß beliebige Zusammenstellungen von Gegenfarben gut aussehen müßten, und hat sich gewundert, warum das vielfach nicht der Fall war. Damals kannte man weder den Gehalt an Weiß und Schwarz, noch das allgemeine Harmoniegesetz, welches dessen Ordnung verlangt.

04, 54 und 29, 79 aus den Kreisen na, ne, ni zusammengestellt; man erkennt, wie mit abnehmender Reinheit die Wirkung sanfter wird.

Außer den Gegenfarbenpaaren werden vielfach die Dreier benutzt, die man durch regelmäßige Dreiteilung des Farbtonkreises erhält. Da sie bisher meist falsch bestimmt worden sind, finden sich die vier wichtigsten Dreier (aus dem Kreise ne) umstehend richtig dargestellt.

Außer den gleichabständigen Dreiern werden auch solche Vierer, Sechser, Achter benutzt, häufig unter Fortlassung eines oder mehrerer Bestandteile.

229

231

233

230

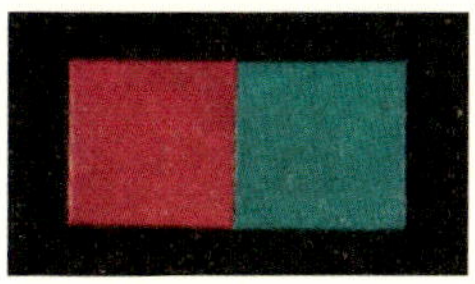

232

234

Doch sei wiederholt, daß auch zahlreiche andere Zusammenstellungen wertgleicher Farben ausdrucksvolle Harmonien geben, von denen nur die allerwenigsten bekannt sind. Allgemein kann man (unter Fortlassung der unmittelbaren Nachbarn) aus jedem wertgleichen Kreise 252 harmonische Paare zusammenstellen; jedes von ihnen hat seinen eigenen sehr bestimmten Charakter. Solche 252 Paare sind aus jedem der 28 Kreise herstellbar.

Farbtongleiche Harmonien. Die allgemeine Ordnung im farbtongleichen Dreieck ist bereits zu verwickelt, als daß man jede Farbe daraus mit jeder anderen harmonisch verbinden könnte. Vielmehr muß man sich auf einzelne Reihen beschränken.

Als solche dienen in erster Linie die S c h a t t e n r e i h e n (S. 43). Sie ergeben die Ton-in-Ton genannten Harmonien. Zwar werden als solche meist die Reihen benutzt, die durch einfaches Mischen mit Weiß oder Schwarz entstehen. Da hierbei aber oft die S. 29 erwähnte Farbtonverschiebung eintritt, so wirken die mit genauen Schattenreihen hergestellten Werke sehr viel harmonischer oder „künstlerischer“. Richtige Schattenreihen finden sich in den S. 44/45 dargestellten Hauptschnitten. Außer diesen kann man die Weißgleichen und die Schwarzgleichen anwenden, die sich gleichfalls den Hauptschnitten S. 42 ff. entnehmen lassen.

235

236

237

238

Zusammengesetzte Harmonien. Indem man die verschiedenen Sondergesetze der Harmonie gleichzeitig anwendet, erhält man mannigfaltigere Beziehungen, denen häufig besondere Reize innewohnen. Dadurch kann man stufenweise verwickeltere Ordnungen herstellen und das bereits sehr große Reich der farbigen Harmonien ins Unbegrenzte erweitern.

So kann man beispielsweise in einem wertgleichen Zweier eine der Farben (oder beide) ganz (oder teils) durch ein (oder mehrere) Glieder der zugehörigen Schattenreihe ersetzen. Schon dieser naheliegende Gedanke ergibt eine kaum übersehbare Fülle von Möglichkeiten bei einem einzigen Paar. Diese lassen sich aber bei allen 7056 wertgleichen Paaren wiederholen, die es innerhalb der Normen gibt.

Schluß. Von den Gesetzen der farbigen Harmonien konnten nur die einfachsten erwähnt werden. Es ist aber noch eine Anzahl weiterer bekannt. Deren Anwendung erweitert das bereits unübersehbare Reich der farbigen Harmonien ins Unvorstellbare. Es wird die zusammengefaßte Arbeit vieler Hände und Jahre kosten, nur die wichtigsten unter ihnen in einfachster Ausführung überhaupt einmal herzustellen und zur Anschauung zu bringen.

Inzwischen kann jeder, der zu gewerblichen oder künstlerischen Zwekken harmonische Zusammenstellungen braucht, sich von den angegebenen Regeln leiten lassen. Sie werden ihn schnell und sicher zum Ziele führen.

Vorwort zur ersten Auflage

Der Name Farbenfibel drückt aus, daß das vorliegende Werkchen nur die allgemeinsten Tatsachen und Gesetze der Farbenlehre, und zwar in rein lehrhafter Form enthält. Demgemäß ist jeder Satz nach Inhalt und Tragweite sorgsam überlegt. Die Abweichungen der Darstellung von der bisher gebräuchlichen beruhen auf eigenen Forschungen des Verfassers, von denen bisher nur ein kleiner Teil hat veröffentlicht werden können.

Die Farbenbeispiele wurden teils vom Verfasser persönlich, teils unter seiner unmittelbaren Aufsicht durch Handarbeit hergestellt und sind deshalb viel genauer, als gedruckte es sein können.

Großbothen, Oktober 1916

Vorwort zur zweiten bis dritten Auflage

Die 1200 Exemplare der ersten Auflage haben in dem Maße Abnehmer gefunden, wie sie geliefert werden konnten, was wegen der schwierigen Handarbeit beim Einkleben der Farbenproben nur mit mäßiger Geschwindigkeit möglich war. So ist trotz der Kriegszeit wenige Monate nach der Ausgabe des Werkchens eine zweite Auflage erforderlich geworden: ein anschauliches Zeichen dafür, mit welcher Stärke das Bedürfnis nach einer wissenschaftlichen Farbenlehre empfunden wird.

Wie zu erwarten war, hat die Gelegenheit, die neue Lehre in kurzer Zusammenfassung erstmalig gleichsam objektiv zu überschauen, den Verfasser zu der Einsicht geführt, daß der Bau hier und da nachzurichten und zu verbessern war. Um grundsätzliche Änderungen handelt es sich nicht; wohl aber um Verbesserungen der Darstellung desselben Inhaltes, um sie noch klarer und unmittelbarer zu gestalten. So wurde insbesondere der Begriff der Reinheit zugunsten des Weiß- und Schwarzgehaltes zurückgeschoben, da die Erfahrung inzwischen gelehrt hatte, daß zwar eine unmittelbare Empfindung für den Zusammenhang der Weißgleichen und der Schwarzgleichen besteht, dagegen keine für den der Reingleichen. Hierdurch wurde auch eine Änderung der Kennzahlen bedingt. — Einige andere Verbesserungen brauchen nicht besonders hervorgehoben zu werden.

Herrn Dr. Manitz, dem die Leser der Farbenfibel für die mustergültige Druckeinrichtung verpflichtet sind und Frau Dr. Manitz, die mit nimmermüder Sorgfalt das schwierige Einkleben der Farbenproben überwacht hat, sage ich auch an dieser Stelle meinen herzlichen Dank für ihre wertvolle Mitarbeit.

Entsprechend der kurzen Zeit seit dem Erscheinen hat die Fachkritik noch nicht Stellung zu dem neuen Teil der Lehre genommen. Ein mit Dr. E. König gezeichnetes Referat (Ztschr. f. angew. Chemie 1917, S. 54) läßt erkennen, daß dort die wissenschaftlichen Voraussetzungen zum Verständnis der erreichten Fortschritte fehlen; es kommt also für die Sache nicht in Betracht.

Großbothen, Februar 1917

Vorwort zur vierten bis fünften Auflage

In die Zeit zwischen der vorigen Doppelauflage und der gegenwärtigen fällt die Erfassung und Ausarbeitung des Begriffs der Farbnormen, durch welchen gleichzeitig die Aufgabe der technischen wie der künstlerischen Organisation der Farbe gelöst wurde. Daraus ergab sich die Notwendigkeit, die Farbenfibel von Grund aus unter diesem neuen Gesichtspunkt umzuarbeiten. Wie es in der Natur dieses Fortschrittes liegt, hat durch ihn gleichzeitig die Lehrbarkeit des Gegenstandes sehr erheblich gewonnen, so daß die neue Auflage in mehrfachem Sinne eine verbesserte genannt werden darf.

Da durch die Gründung der „Werkstelle für Farbkunde" in Dresden und ihrer Tochterstellen ein schnelles Anwachsen der Teilnahme weiterer Volkskreise für die Farben im allgemeinen und für farbige Harmonien im besonderen entstanden ist, so haben Verfasser und Verleger das Äußerste getan, um den Preis dieses Werkes so niedrig zu halten, wie dies unter den gegenwärtigen Verhältnissen nur möglich war.

Großbothen, Mai 1920

Wilhelm Ostwald

Wilhelm Ostwald 1928

Eckhard Bendin

Ostwalds Farbenfibel als Strukturschlüssel der Farbe und Meilenstein der Farbenlehre.

Wilhelm Ostwald, einer der vielseitigsten und produktivsten deutschen Naturwissenschaftler des 19. und 20. Jahrhunderts[1], verfasste 1916 – zurückgezogen als freier Forscher auf seinem Landsitz „Energie" in Großbothen bei Leipzig – eine Schrift mit dem programmatischen Titel ‚Farbenfibel'. Sie umfasst etwas weniger als 50 Seiten, auf denen der damals 64-Jährige eine allgemeinverständliche Darstellung seiner in ihm lange bereits keimenden[2], ab 1911 aber zunehmend experimentell begründeten *„allgemeinen Bearbeitung der Farbenlehre"*[3] in didaktisch vorbildlicher Weise entworfen hat. Als populärwissenschaftliche Einführung bildete sie den Auftakt zu einer umfangreich geplanten neuen Farbenlehre, deren wissenschaftliche Abhandlungen und Kartenwerke in den Folgejahren wie am Fließband erschienen.

Er betrachtete jene Arbeiten als *„Spätlingsfrucht"* seiner in früher Kindheit bereits entwickelten Erlebnisfähigkeit als ‚Augenmensch' mit stetigen Malversuchen in den Ferien und auf Reisen sowie fortgesetzter Beschäftigung mit der Praxis und Theorie der Malerei.[4] Die Resultate seiner ab 1914 intensivierten Arbeiten an der neuen Farbenlehre erschienen ihm mit zunehmenden Alter immer wichtiger und schließlich als das Wertvollste und Zukunftsweisende seines gesamten Schaffens.[5]

Ostwalds Tochter Grete[6], mit der Ostwald zeitlebens durch oft gemeinsame Malübungen eng verbunden war, erinnerte 1953 in ihrer Hommage zum 100. Geburtstag ihres Vaters[7] an die bedrückenden Jahre des Ersten Weltkrieges, in denen eine der prägnantesten Schriften der Farbenlehre entstehen sollte: *„Ich weiß nicht, wie mein Vater diese traurigen Jahre überstanden* *hätte, wenn ihn nicht die unverkennbare Werte schaffende Arbeit an der Farbenlehre so ausgefüllt und mit weiten Horizonten gefüllt hätte.*"

Die Farbenfibel hatte Ostwald wohl auch als Begleitinstrument zum ‚Farbenatlas' entworfen, den er 1911 bereits programmatisch mit der Gründung der „Brücke" (Internationales Institut der Organisation geistiger Arbeit)[8] ins Auge gefasst hatte. Im Industriezeitalter rückte zunehmend auch der Reproduktionsgedanke ins allgemeine Bewusstsein und in dieser Absicht schloss sich Ostwald 1912 auch dem Deutschen Werkbund an, der ebenfalls die „*Herstellung einer vollständigen praktischen Farbkarte*" anstrebte.[9]

Dazu entwickelte sich in den Folgejahren ein Wettbewerb mit dem im sächsischen Aue/Erzgeb. ansässigen Farbkartenhersteller Paul Baumann, der 1912 in Gemeinschaft mit Otto Prase[10] bereits eine für damalige Verhältnisse vorbildliche Farbkarte herausgebracht hatte.[11] Diese Karte war 1914 auf der Werkbundtagung in Köln durch den mit der Sichtung praktikabler Kartenwerke für Industrie und Gewerbe beauftragten Textilchemiker Paul Krais[12] bereits zur allgemeinen Anwendung empfohlen worden. Da sich in Köln jedoch Ostwald und Krais begegneten, entstand die Absicht zu einer Gemeinschaftsarbeit an einem verbesserten Farbenatlas, was der Kriegsausbruch jedoch zunächst vereitelte.

Ostwald übernahm nun allein hierzu jede Anstrengung und setzte mit der Herausgabe seiner Farbenfibel nicht nur ein erstes Zeichen, sondern schuf damit während des Krieges auch ein beachtliches Zeugnis Leipziger Buchgeschichte.[13] Die kleine Lehrschrift wurde bereits zu Ostwalds Lebzeiten ein Bestseller mit 15 Auflagen. Alle Ausgaben zwischen 1917 und 1930 erschienen in dem von ihm gegründeten Leipziger Verlag Unesma GmbH. Den Druck, den Einband sowie das Einkleben der zahlreichen durchgefärbten, gestanzten Farbmuster besorgten die ebenda ansässige Buchdruckerei O. Spamer und die Buchbinderei E. O. Friedrich. Eine 16., unveränderte Auflage kam schließlich noch während des Zweiten Weltkrieges hinzu. Sie erschien 1944 in dem nunmehr aber in Berlin ansässigen Verlag.

Das Faszinierende an Ostwalds Schrift erwächst nicht nur aus seiner konsequenten Auffassung von Farbe als das Bestimmende unserer Gesichtsempfindungen und somit als Gegenstand der Wahrnehmungspsychologie mit daraus folgenden Vorstellungen zur Ordnung und Beziehung der Farben, sondern auch aus Ostwalds Fähigkeit zu begrifflicher Prägnanz durch

Farbenfibel und Farbkörper

Bild 2

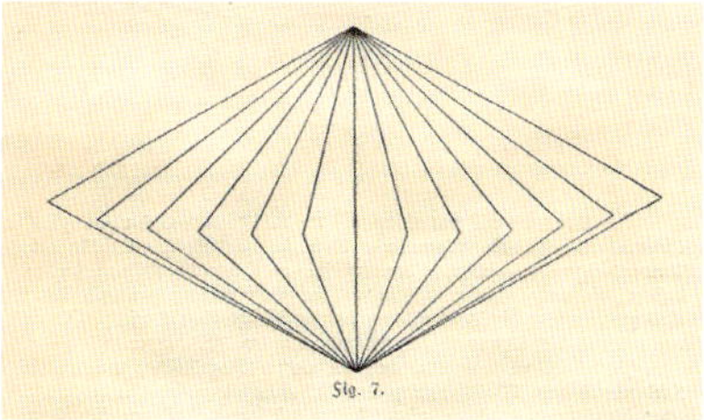

Bild 3

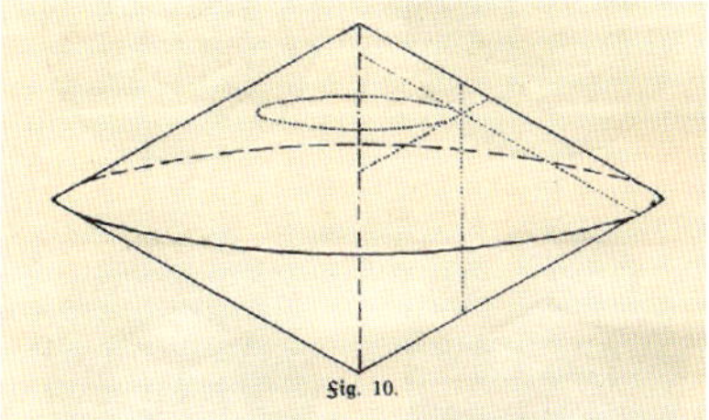

Bild 4

Bild 2: Cover der Erstausgabe von 1917 *(Sammlung Farbenlehre der TU Dresden, NL Terstiege)*

Bild 3 und 4: Ostwalds Darstellungen des Farbenkörpers mit erweiterter Darstellung zum ‚Ringstern' in der 10. Auflage der Farbenfibel von 1924

Bild 5

Bild 5: Der Doppelkegel Wilhelm Ostwalds
Nachbau des Doppelkegels von 1923 unter Verwendung der originalen Holzspindel u. genormter Farbaufstriche, Unikat aus dem Nachlass des Kunstpädagogen Fritz Rausendorf, Leisnig/Sa., o.J. *(Sammlung Farbenlehre der TU Dresden, NL Rausendorf)*

Von der Graureihe zum Farbkörper

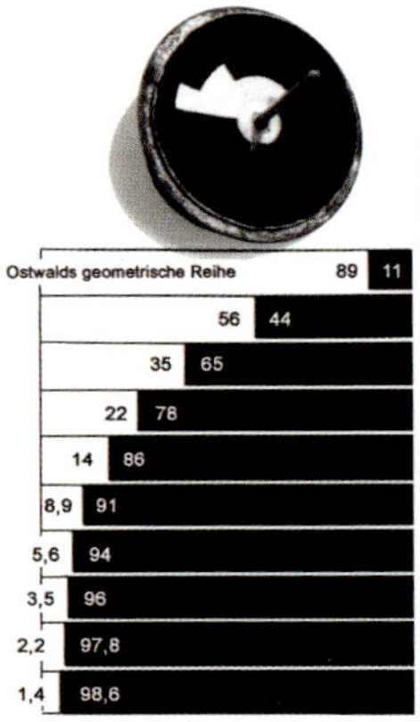

Bild 6

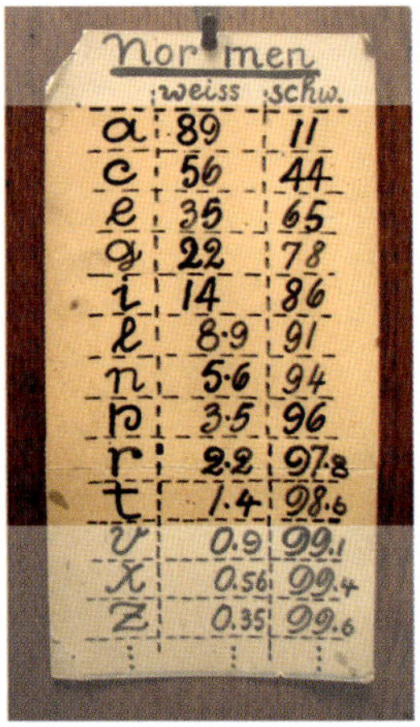

Bild 7

Bild 6–8: Kreiselmischung zur Ermittlung der Weiß- u. Schwarzanteile der Graureihe mit Ostwalds Labortafel. darunter: Achtstufige Meßleiter nach Ostwald (Muster-Schmidt Verlag Göttingen) *(Collage Bendin 2010)*

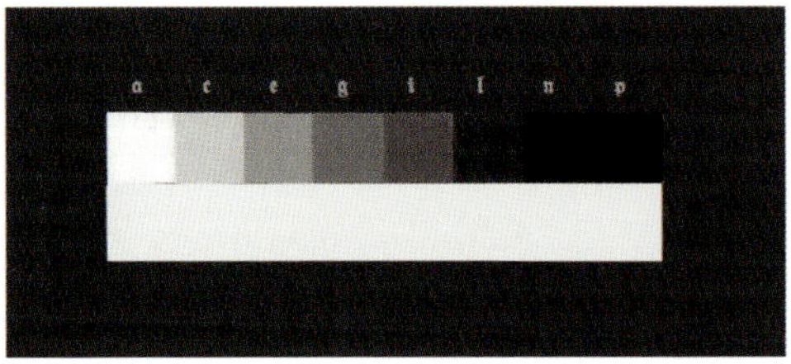

Bild 8

Bild 9

Bild 9: Schnittfläche durch Ostwalds Doppelkegel als achtstufige Tafel 6 seines ‚Farbkörpers'. Leipzig Unesma 1919 *(Bendin 2010, S. 193)*

Reduktion und Klarheit, gepaart mit didaktisch meisterlicher Aufbereitung im Dienste praktischer Anschauung.

Seine Erkenntnis *„Was kann es Anschaulicheres geben, als das, was unser Auge ständig erfüllt, die Farbe?“*[14] beflügelte ihn, für den Normalfall unserer lebensweltlichen Farberfahrung, dem alltäglichen Umgang mit *„bezogenen“* Farbeindrücken in unserem Gesichtsfeld, also den *„Farben der Gegenstände in unserer Umgebung, die durch die Verhältnisse der Lichtzurückwerfung (Remission) bestimmt werden“*[15], quantitative Urteilskriterien zu finden, um den damals noch vorliegenden *„Mangel an Zahl und Maß“*[16] zu beheben.

Von Beginn an befolgt Ostwald den pädagogischen Grundsatz ‚Vom Einfachen zum Verwickelten‘ und grenzte zunächst in seiner Beschränkung auf die ‚bezogenen‘ Farben den Begriff ‚Farbe‘ von ‚Farbstoffen‘ und ‚Licht‘ ab, erklärt dann alle *„unbunten“*[17] Gesichtsempfindungen zu *„unbunten Farben“* und legt die Klassifikation in *„unbunt und bunt“* allen weiteren Bemühungen zugrunde. Zuerst ordnet er die unbunten Farben zu einer eindimensionalen geometrischen Reihe zwischen Weiß und Schwarz nach dem alleinigen Kriterium der ‚Helligkeit‘. Auf dieser Grundlage charakterisiert und ordnet er dann die Mannigfaltigkeit der ‚bunten Farben‘ in der Dreifaltigkeit seiner visuellen Kriterien *„Farbton, Weiß und Schwarz“*. Ostwald leitet schöpferisch aus dem Terminus Farbton den der *„Vollfarbe“* ab (als Farbton ohne unbunte Anteile), wobei er davon ausging, dass alle wirklich vorkommenden Farben neben der Vollfarbe auch unbunte Anteile von Schwarz und Weiß enthalten.[18]

Obwohl die von Ostwald eingehend studierten historischen Vorarbeiten zur Farbenlehre – namentlich die von Goethe (zur Polarität und den Gegenfarben), Runge (zur Farbenkugel) und Schopenhauer (zur qualitativ geteilten Tätigkeit der Retina), sowie von Weber und Fechner (zur Reiz-Empfindungs-Relation, Stetigkeit und Schwelle), Helmholtz und dessen Schüler Rood (zu den Koordinaten Farbton, Reinheit und Helligkeit), Wundt (zu dessen Stufenmodell der achromatischen und chromatische Erregung), Maxwell (zu dessen Kreiselversuchen) und Hering (zu dessen Lehre vom Lichtsinn), ebenso die von ihm anregend empfundene Begegnung 1905 mit A. H. Munsell in Amerika und ein durch Vermittlung von Paul Krais 1915 in Großbothen zustande gekommener persönlicher Austausch mit Otto Prase, dem Schöpfer der Baumann-Prase-Farbtonkarte – verschiedenartig starken Einfluss auf die Erkenntnisse Ostwalds hatten, vermeidet er in der Farbenfibel im Interesse der Einfachheit und Fasslichkeit jeden historischen Bezug und behält den Lesern verunsichernde Alternativen und Diskurse vor.[19]

Beim verwickelten Problem der visuellen Wertanteile ‚bunter Farben' verhalf ihm dazu seine methodische Konzentration auf das *„Prinzip des ausgezeichneten Falles"*[20] und die Suche der *„ausgezeichneten Fälle"* mittels farbiger Filter zur Bestimmung der im visuellen Eindruck jeweils empfundenen Anteile von Schwarz (s), Weiß (w) und Vollfarbe (v) gemäß seiner Summenformel: v + w + s = 100.[21] Als führender Vertreter des Monismus und in seiner philosophischen Grundhaltung der Einheit von Physischem und Psychischem sah Ostwald im *„Vertrauen in die Rationalität und auf die prinzipielle Erkennbarkeit der Welt"*[22] die jeweils ‚ausgezeichneten Fälle' als maßgeblich und hinreichend für strukturelle Projektionen an, auch interpretierbar als *„Zwangshandlungen unter dem Einfluss der Gesamtnatur."*[23] Hierzu zählte Ostwald auch die Leistungen des menschlichen Geistes und entschied sich bewußt für gleichseitige farbtongleiche Dreiecke als ‚ausgezeichnete' Fälle und den daraus resultierendem Doppelkegel als allseits durch Symmetrie ‚ausgezeichneten' Farbkörper (unter Vernachlässigung der verschiedenen Hellbezugswerte der Vollfarben).

Nicht zuletzt auch deshalb erscheint uns heute seine Farbenfibel als prägnantes, methodisch gewonnenes Substrat programmatischer Natur und als markanter Meilenstein auf dem historisch langen Weg zwischen den zahlreich überkommenen, oft verwickelten, altehrwürdigen Überlieferungen von der Antike bis zur Gegenwart.

In die heutige Lebenswelt greift bereits künstliche Intelligenz (KI) ein und beschleunigt neue wissenschaftliche, technische und kulturelle Herausforderungen. Für Ostwald, der sich als Wissenschaftler zu den ‚Romantikern' mit vorausschauenden Talenten zählte, wäre dies sicher eine späte Genugtuung, denn er vertraute auf die mit technischen Innovationen stets einhergehenden Bestätigungen rationeller Grundlagen wissenschaftlicher Bemühungen. Auch wenn uns heute im Computerzeitalter mit Monitoren und Druckern in jedem Haushalt die farbgenerierenden Parameter RGB, CMYK und Lab und HLC geläufiger geworden sind als Ostwalds psychophysische Bestimmungsgrößen s, w und v, war sein fundamentaler ordnungswissenschaftlicher Ansatz für die quantitative, messende Farbenlehre im Dienste der Reproduktionserfordernisse wegweisend. Heute finden wir in fast jedem Farbatlas Ostwalds Prinzipien wieder: eine gestufte

Zu Struktur und Funktion des farbtongleichen Dreiecks

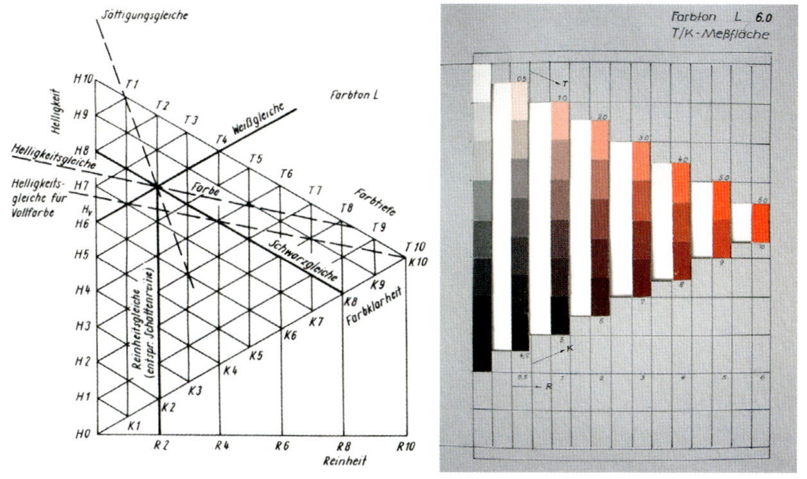

Bild 10

Bild 10: Dreiecksschema und achtstufige Meßfläche L 6.0 / LTK zum Entwurf der Farbtonkarte „Neues Ostwald-System“ (Manfred Adam u.a., 1971)*(Bendin 2010, S. 192)*

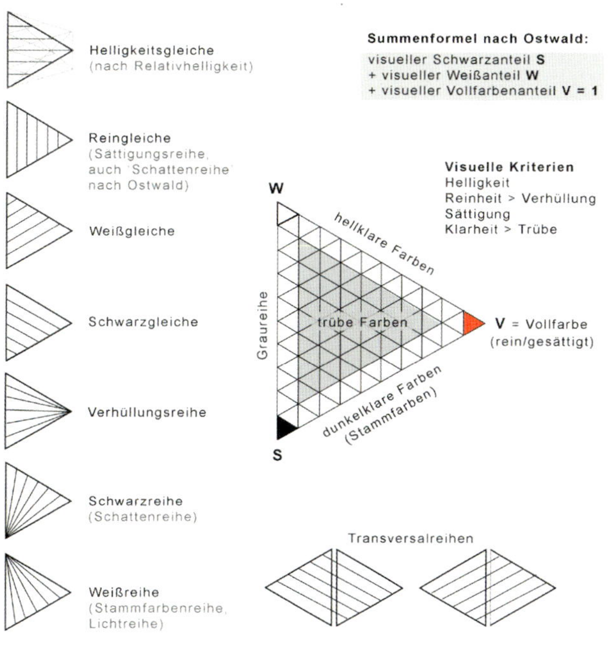

Bild 11

Bild 11: Klassifikation der qualitativen Beziehungen im Dreieck nach Ostwald 1917, Adam 1971 u. Zeugner 1992 *(Bendin 2010, S. 193)*

Zu analogen Weiterentwicklungen

Bild 12

Bild 12: Aemilius Müller: Farbtafel zum Textheft „Ästhetik der Farbe“ (Schweizer Schulfarbenatlas 1946, Chromos Verlag Winterhtur CH) und sein 60-teiliger Farbtonkreis *(Collage Bendin 2009, S. 27)*

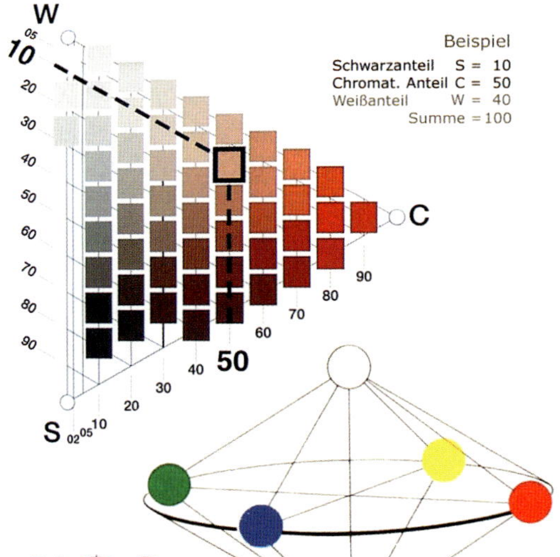

Bild 13

Bild 13: Analoges Dreiecksprinzip und Körperschema des Natural Color Systems nach Anders Hård 1964, Schwedischer Standard ab 1978 *(Collage Bendin 2009, S. 27)*

Graureihe, farbtongleiche Dreiecke mit Reihen aus hellklaren, dunkelklaren und trüben Farben sowie Farbtonkreise in Vollfarbenqualität, die gleichabständig organisiert sind.

Durch Weiterentwicklung der Farbmessung sind andere Parameter an die Stelle der Ostwald'schen getreten. Das von ihm für die Schwarz- und Weißbestimmung der bunten Farben angewendete Filterverfahren geriet bald in die Kritik[24] und noch kurz vor seinem Tod führte die Internationale Beleuchtungskommission CIE ein Normvalenzsystem mit den Tristimuli XYZ *(CIE 1931)* ein, das auf standardisierten Farbabgleichs-Versuchen mit normalsichtigen Personen (Beobachtern) beruhte und schließlich zum CIELAB-Farbraum führte.

Die zu seinen Lebzeiten oft noch fruchtlosen Bemühungen um eine stärkere Hinwendung zur empirisch-experimentellen Psychophysik und einer ‚Ästhetik von unten' im Sinne Gustav Theodor Fechners[25] – oder wie Ostwald es nennt – zu einer *„Psychologie als rationelle Wissenschaft"* mit einhergehender Beförderung auch einer *„Verwissenschaftlichung der Kunst"*[26] haben sich inzwischen wie von selbst aus den zahlreichen technologischen Erfordernissen medialer Reproduktions-Techniken (Druck-, Foto-, Film-, TV-, Computer- und Animationstechnik) als fruchtbar erwiesen. Auch seine frühe Vision einer neuen ‚Farbkunst' und ‚Zeitlichtkunst'[27] verwirklichte sich zunehmend in künstlerischen Konzepten.[28]

Die eingetretene Entwicklung bestätigt auch Ostwalds hohe Wertschätzung der Goethe'schen Vorleistungen, die jener 100 Jahre zuvor mit seiner Farbenlehre als fundamentale Wissenschaftskritik eingebracht hatte, insbesondere aber dessen Erkenntnis, dass nur das Gesetz uns Freiheit geben könne.[29] So wie für Ostwald das ‚Fechnersche Gesetz' die Struktur der gefundenen Graureihe und aller farbtongleichen Dreiecke bestimmte, legte er das ‚Goethesche Gesetz' seiner Harmonielehre zugrunde, die er ab 1920 auch in seine Farbenfibel mit dem Hauptsatz *„Harmonie = Ordnung"* einführte,[30] den er im farbtongleichen Dreieck mit seinen spezifischen Reihen und den wertgleichen Farbkreisen verwirklicht sah. Der in späteren Auflagen am Schluss auch eingeführte Begriff des *„Ringstern"* bezeichnete gesetzmäßige Zusammensetzungen aus wertgleichen Kreisen und den ihnen sternförmig zugehörigen Reihen der Rein-, Weiß- und Schwarzgleichen.

Obwohl Ostwald – in jungen Jahren in Dorpat als Assistent von Arthur von Oettingen in dessen Harmonielehre eingewiesen – über solide

Kenntnisse im Reich der Harmonik verfügte[31] und sich stets gern auch als Bratschist kammermusikalisch betätigte, wurden gerade jene ästhetisch-harmonikalen Schlussfolgerungen im Reich der Farben aber von Teilen der Künstlerschaft und Kunstpädagogen als einengend empfunden und vehement abgelehnt. Erhärtet noch durch seine zahlreich nachgelegten Publikationen und Normungsabsichten (Farbenatlas 1917, Harmonie der Farben und Mathetische Farbenlehre 1918, Farbnormen-Atlas 1919, Farborgeln 1919 und 1920, Harmonielehre, Farben- und Formenlehre sowie Harmothek 1926) führte dies sowohl im Deutschen Werkbund als auch im Bauhaus zunehmend zur Polarisation und polemisch aufgeladenen Fraktionierung für und gegen Ostwald. Obwohl der mit Ostwald befreundete Walter Gropius zu den Befürwortern am Bauhaus zählte, formierte sich eine zahlreiche Gegnerschaft um Johannes Itten, im Verbund mit dessen einflussreichem Lehrer Adolf Hölzel.

Die neuen Vorschläge des erklärten Bildungsreformers erhielten aber auch viel Zustimmung, sowohl von Naturwissenschaftlern als auch Gestaltern und Reformpädagogen. Beispielsweise lobte der Chemiker H. E. Fierz-David[32] als einer der ersten Rezensenten 1917 in der Neuen Züricher Zeitung die Farbenfibel als geniale Leistung: *„Die Einfachheit und Selbstverständlichkeit, mit der Ostwald hier ein schwieriges und teilweise noch ganz unabgeklärtes Problem behandelt, macht das Geniale seiner Arbeit aus.“*, und der Maler und Gestalter Vilmos Huszar[33] anerkennt Ostwalds Leistung 1918 in ‚De Stijl‘: *„Es ist das ABC-Buch der Farbe, in dem alles über Farbe so wissenschaftlich und exakt wie möglich“* in ebenso einfachen wie klaren Begriffen definiert wurde. Weitergehende Einblicke in Rezeption und Nachwirkung, ebenso zu Inhalt und Entstehungsgeschichte der Farbenfibel, verdanken wir einer fundierten Würdigung durch Albrecht Pohlmann 2018.[34]

Ein besonderer Kritikpunkt war stets auch die fehlende Ausgewogenheit des Ostwald'schen Farbtonkreises, nicht nur, weil er punktuelle Veränderungen von Ausgabe zu Ausgabe aufwies, sondern Gleichabständigkeit, Wertgleichheit und ‚innere Symmetrie‘ noch nicht den Ansprüchen genügten. Ostwalds Tochter Grete versuchte 1941, dessen Stimmigkeit zu verbessern, wie einem unveröffentlichten Manuskript zu entnehmen ist.[35]

Nur wenige Jahre später kam es in dieser Hinsicht – wiederum durch eine Jahrzehnte umfassende kongeniale Einzelleistung – zu qualitativen Verbesserungen ganz im Sinne Ostwalds. Der Schweizer Volkswirt Aemilius

Zur Weiterentwicklung der Farbmessung mit veränderten Parametern (CIELAB)

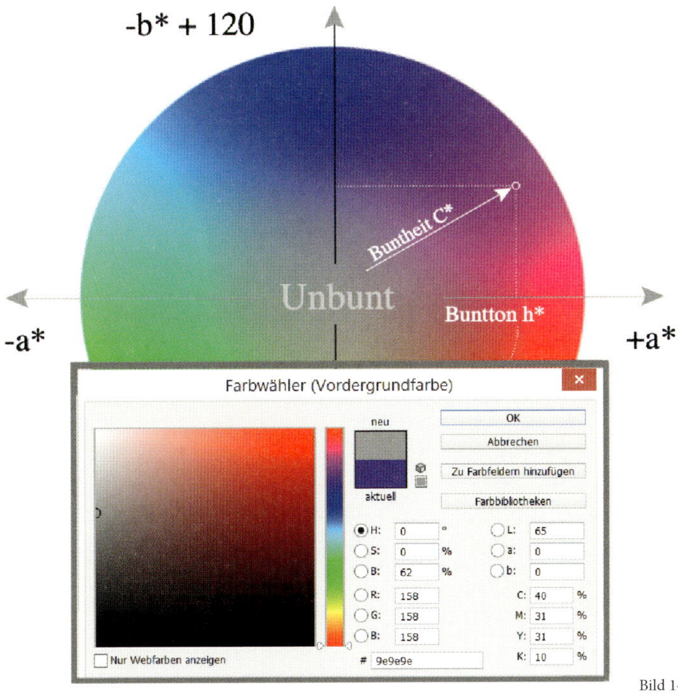

Bild 14

Bild 15

Bild 14: Anstelle Ostwalds psychophysischer Bestimmungsgrößen s, w und v sind uns heute die farbgenerierenden Parameter Lab und HLC, RGB und CMYK geläufig geworden. *(Collage Bendin 2023)*

Bild 15: Schema einer 16-stufigen Prüfvorlage für die Bildverarbeitung an Monitoren und Druckern nach Klaus Richter, Berlin: BAM 2005 *(Bendin 2010, S. 192)*

Müller (1901–1989) griff Ostwalds Vorleistungen auf und setzte dessen Werk in ebenso bewundernswerter Weise fort. Müller schuf auf Ostwald'scher Grundlage vorbildliche Kartenwerke für die Schweiz, die auch Ostwalds Harmonielehre weiterentwickelte und um dissonante Farbbeziehungen erweiterte. Sein vielfältiges Kartenwerk von 1944 bis in die 70er Jahre wurde

Ostwalds Farbordnung als Grundlage neuer ‚Farbkunst'

Bild 17

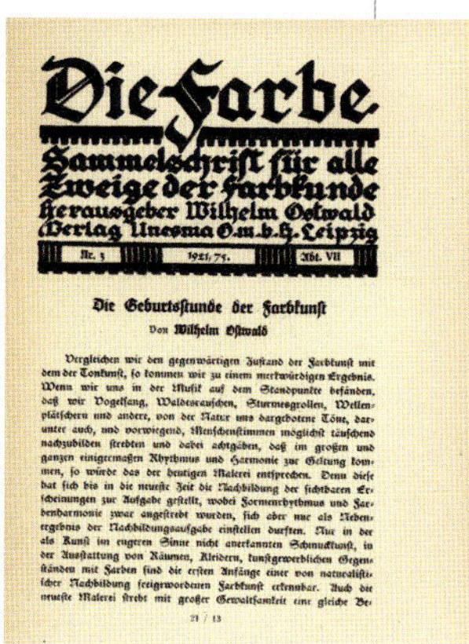

Die Farbe
Sammelschrift für alle Zweige der Farbkunde
Herausgeber Wilhelm Ostwald
Verlag Unesma G.m.b.H. Leipzig

Nr. 3 | 1921/75. | Abt. VII

Die Geburtsstunde der Farbkunst

Von Wilhelm Ostwald

Vergleichen wir den gegenwärtigen Zustand der Farbkunst mit dem der Tonkunst, so kommen wir zu einem merkwürdigen Ergebnis. Wenn wir uns in der Musik auf dem Standpunkte befänden, daß wir Vogelsang, Waldesrauschen, Sturmesgrollen, Wellenplätschern und andere, von der Natur uns dargebotene Töne, darunter auch, und vorwiegend, Menschenstimmen möglichst täuschend nachzubilden strebten und dabei achtgäben, daß im großen und ganzen einigermaßen Rhythmus und Harmonie zur Geltung kommen, so würde das der heutigen Malerei entsprechen. Denn diese hat sich bis in die neueste Zeit die Nachbildung der sichtbaren Erscheinungen zur Aufgabe gestellt, wobei Formenrhythmus und Farbenharmonie zwar angestrebt wurden, sich aber nur als Nebenergebnis der Nachbildungsaufgabe einstellen durften. Nur in der als Kunst im engeren Sinne nicht anerkannten Schmuckkunst, in der Ausstattung von Räumen, Kleidern, kunstgewerblichen Gegenständen mit Farben sind die ersten Anfänge einer von naturalistischer Nachbildung freigewordenen Farbkunst erkennbar. Auch die neueste Malerei strebt mit großer Gewaltsamkeit eine gleiche Be-

21 / 13

Bild 16

Bild 18

Bild 16: Titelblatt von Ostwalds Schrift: Die Geburtsstunde der Farbkunst. *(Die Farbe.1921, Nr. 3, Abt. VII, Unesma Leipzig)*

Bild 17: Ostwalds Farbordnung und seine Farborgeln wurden für einige Künstler zur Grundlage ihrer konstruktiv-bildnerischen Arbeiten. Doppelkegel (Rekonstr. 2003) und Pulverorgel vor einem Bildwerk von Jakob Weder (1906–1990) *(Bendin 2003)*

Bild 18: Wertgleiche Paletten in Ostwalds ‚Pulverorgel' von 1923 aus dem Nachlass des sächs. Konstruktivisten Rudolf Weber (1889–1972)*(Bendin 2009, S. 23)*

Schweizer Standard sowohl für den Schulgebrauch als auch für Handwerk, Gewerbe und Industrie; letztlich auch ein Qualitätsmaßstab für jede Weiterentwicklung.[36]

Auch im östlichen Nachkriegs-Deutschland gab es entsprechende Bemühungen, angeregt durch Ostwalds letzten Assistenten Manfred Adam, der ab 1954 an der Auswertung der Ostwaldschen Farbenlehre für neue Aufgaben der Farbmessung und Normung arbeitete.[37] Neben Paul Baumanns Nachfolgeproduktionen in Aue, der inzwischen Ostwalds Systematik z. T. übernommen hatte, wurde eine Reihe neuer Farbkarten, Messleitern und Anschauungstafeln für Bildungs- und spezifische Anwendungszwecke entwickelt, z. B. 1969 ein Farbenkatalog für die Gestaltung[38] und 1971 ein Farbatlas als ‚Neues Ostwald-System' auf der Grundlage einer neuen Farbnorm[39]. Adam schuf hier gemeinsam mit Uwe Schreckenbach, Wolfgang Arnold und Gerhard Zeugner Grundlagen zu einem neuen, farbmetrisch begründeten Ostwald-System.[40] Sie einte das Bestreben, auf der Grundlage der Vorleistungen von Helmholtz, Munsell, Ostwald und Prase eine *„einheitliche, anschauliche ästhetische Ordnung der Farben"* zu schaffen. Diese Bemühungen blieben herstellungstechnisch bedingt unvollendet und fanden mit der deutschen Wiedervereinigung 1990 ihr Ende.[41]

Ostwalds Farbenfibel hat sich in der Kultur- und Wissenschaftsgeschichte einen bleibenden Platz erobert als Meilenstein und genialer Schlüssel, mit dem er uns einen Weg gewiesen hat, die Struktur der Farbwelt nicht nur qualitativ, sondern in besonderer Weise auch quantitativ zu erschließen. Es kann angenommen werden, dass sein Erkenntniswert künftig noch wachsen wird. Bereits Ostwald postulierte visionär: *„Alle Gebiete, in denen Farbe vorkommt – und wo kommt sie nicht vor! – werden diesen Einfluss erfahren und ich wage nicht, die Möglichkeiten auszudenken, die nun Wirklichkeit werden könnten. Denn es handelt sich ja um die Physiologie und Psychologie des Auges, des bei weitem wichtigsten unserer Sinnesorgane. Und dabei habe ich bisher nur die technisch-wissenschaftliche Seite des Fortschritts in Betracht gezogen. Neben dieser gibt es aber noch eine ästhetische, unmittelbar auf das Gefühl gerichtete Seite des Erlebnisses Farbe. Hier handelt es sich in einem noch viel tieferen Sinne um eine neue Epoche."*[42] Angesichts der bereits medial überbordenden Omnipräsenz von Farbe in unserer Lebenswelt an der Schwelle eines Zeitalters der Künstlichen Intelligenz erscheint Ostwalds Anspruch epochaler Bedeutung keineswegs abwegig.

Fußnoten

1 Wilhelm Ostwald (1853–1932), Philosoph, Naturwissenschaftler, Wissenschaftstheoretiker u. -organisator, Gründer u. Herausgeber, Ordinarius für Physikalische Chemie 1987–1906 in Leipzig, erster deutscher Austauschprofessor 1905 in Cambridge, danach freier Forscher in Großbothen/b. Lpz., 1909 Nobelpreis für Chemie (Katalyse)

2 Ostwald, Wilhelm: Lebenslinien – Eine Selbstbiographie. Nach der Ausgabe v. 1926/27 überarb. u. komment. von Karl Hansel. Leipzig: Verlag d. Sächsischen Akademie d. Wissenschaften zu Leipzig, 2003, S. 402 (Anregung zur Farbenlehre) Anm: Begegnung mit A. H. Munsell 1905 in Cambridge als Austauschprofessor

3 Ebenda, S. 545 (Neue Arbeit)

4 Zwischen 1903 und 1912 erschienen von Ostwald bereits zahlreiche Beiträge zur Theorie und Praxis der Malerei, z.B.: Malerbriefe. Leipzig, Hirzel 1904, S. 164

5 Wie Fußnote 2, S. 571/572 (Summa)

6 Margarethe Mathilde Ostwald (1882–1960), älteste Tochter Wilhelm Ostwalds, genannt Grete, akadem. Malerin, verwaltete nach Ostwalds Tod den Nachlass und war der Farbenlehre besonders verbunden, siehe auch: Oehme, Wolfgang: Grete Ostwald – Ein Blick auf ihr Leben. In: Mitteilungen der Wilhelm-Ostwald-Gesellschaft e.V. 27. Jg. 2022, Heft 2, S.21–41

7 Ostwald, Grete: Wilhelm Ostwald – Mein Vater. Stuttgart: Berliner Union 1953, S. 175

8 Ostwald, Wilhelm: Die Brücke. Ansbach: Seybold 1911, S. 11

9 Wie Fußnote 2: Ostwald, Lebenslinien. S. 545 (Neue Arbeit)

10 Paul Baumann (1869–1961), Malermeister und Farbkartenhersteller; Otto Prase (1874–1956), Malermeister und Farbsystematiker, bei Baumann 1911 angestellt als Produktionsleiter, entwarf bereits 1909 Grundzüge einer Farbtonordnung und Benennung (veröffentl. in ‚Die Mappe' Bd. 30 (1910) Hefte 18–22

11 Baumanns Neue Farbtonkarte – System Prase. Aue/Sa. 1912

12 Paul Krais, Textilchemiker (1866–1939), Autor einer zweibändigen „Materialkunde" im Auftrag des Deutschen Werkbundes, ab 1926 Leiter der Werkstelle für Farbkunde in Dresden

13 Pohlmann, Albrecht: Zwischen „ABC-Buch der Farbe" und „Farbenkommunismus". Einhundert Jahre Wilhelm Ostwalds Farbenfibel. In: Mitteilungen der Wilhelm-Ostwald-Gesellschaft e.V. 23. Jg. 2018, Heft 1, S. 8–25 Anm.: Pohlmann schildert hier nicht nur Umstände der Entstehungsgeschichte, sondern vermittelt wohl erstmals überblickartig und ebenso detailliert Einblicke in Inhalt und Gestaltung der Schrift sowie deren Rezeption und Nachwirkung.

14 Wie Fußnote 2, S. 549 (Das Problem der Farbordnung)

15 Wie Fußnote 2, S. 555 (Bezogene und unbezogene Farben) Anm: O. bezeichnet deren Unterscheidung als „schöpferische Begriffsbildung"

16 Wie Fußnote 2, S. 548 (Die Malerbriefe)

17 Ostwald, Wilhelm: Die Farbenfibel. Leipzig: Unesma 1917, S.1 (Einleitung), Anm.: Die Klassifikation in „unbunte und bunte Farben" wählte O. ebenfalls im schöpferischen Sinne, obwohl der Terminus „bunt" allgemein umgangssprachlich mehrdeutig erscheint. O. wollte damit aber deutlich machen, *„dass alle Gesichtsempfindungen unmittelbar aus Farben bestehen"*

18 Wie Fußnote 17, S. 12 (Die bunten Farben. Der Farbton)

19 Ostwald erwähnt diese Bezüge jeweils erst in den fachlichen Kontexten seiner nachfolgenden Bücher zur Farbenlehre sowie in seiner Selbstbiografie ‚Lebenslinien' (s. Fußnote 2), in der er allerdings jeglichen Hinweis auf die konkurrierenden Farbkartenhersteller Paul Baumann und Otto Prase vermissen lässt.

20 Wie Fußnote 2, S. 559/560 (Was ist ein ausgezeichneter Fall?/ Der ausgezeichnete Fall bei den Farben)

21 Wie Fußnote 17, S. 28

22 Lang, Heinwig: Grundsätzliches zur messenden Farbenlehre – Ein neuer Blick auf Ostwalds Verfahren der Farbmessung. In: Bendin, Eckhard (Hrsg./Bearb.) Zu Bedeutung und Wirkung der Farbenlehre W. Ostwalds. Dokumentation zum 100. Geburtstag. Dresden, Großbothen, Düsseldorf: Phänomen Farbe 2003, S. 8–13

23 Ebenda, S. 12, siehe auch: Ostwald, Wilhelm: Zur Energetik der Psyche. Unveröff. Manuskript aus d. Ostwald-NL 4519, S. 12

24 Klughardt, August/Richter, Manfred: Über die Gültigkeit des Ordnungsprinzips und der Farbmeßtechnik nach Ostwald. Berlin: Elsner 1933, siehe auch: Lang, Heinwig: Grundsätzliches zur messenden Farbenlehre – Ein neuer Blick auf Ostwalds Verfahren der Farbmessung. In: Bendin, Eckhard (Hrsg./Bearb). Zu Bedeutung und Wirkung der Farbenlehre Wilhelm Ostwalds. Dokumentation zum 100. Geburtstag. Dresden, Großbothen, Düsseldorf: Phänomen Farbe 2003, S. 8–13

25 Fechner, Gustav Theodor: Vorschule der Ästhetik. Leipzig: Breitkopf u. Härtel 1876

26 Ostwald, Wilhelm: Lebenslinien – Eine Selbstbiographie. Nach der Ausgabe v. 1926/27 überarb. u. komment. von Karl Hansel. Leipzig: Verlag d. Sächsischen Akademie d. Wissenschaften zu Leipzig, 2003, S. 400

27 Ostwald, Wilhelm: Die Geburtsstunde der Farbkunst. In Die Farbe. Nr. 3, Leipzig, Unesma 1921

28 Bendin, Eckhard: Nachhaltige Impulse für Farbwissenschaft und Farbkunst. In Scheurmann, K. (Hg.) color continuo 1810…2010…System und Kunst der Farbe. S.18–31, siehe auch ebenda S.78–89: Bendin, Eckhard, Konzeptionelle Wege – Generalbass und Instrumentar für eine neue Farbkunst. > Dazu auch grundlegende Aufarbeitungen von Pohlmann, Albrecht (2004 u. 2009)

29 Ostwald bezieht sich auf Goethes Sentenz „*… In der Beschränkung zeigt sich erst der Meister, und das Gesetz nur kann uns Freiheit geben.*“ (Sonett, um 1800)

30 Ostwald, Wilhelm: Die Farbenfibel. Leipzig: Verlag Unesma GmbH 1920 (4. bis 5. Aufl.), Sechster Abschnitt: Die Harmonie der Farben, Das Grundgesetz.

31 Arthur Joachim von Oettingen (1836–1920), Physiker und Musiker, wirkte in Berlin, Dorpat, Paris u. Leipzig (Ostwald war Oettingers Assistent in Dorpat und wurde in dessen Harmonielehre eingewiesen)

32 Hans Eduard Fierz-David (1882–1953), Farbenchemiker, siehe Fußnote 34

33 Vilmos Huszar (1884–1960) Maler und Gestalter, siehe Fußnote 34

34 Pohlmann, Albrecht: Zwischen „ABC-Buch der Farbe“ und „Farbenkommunismus“. Einhundert Jahre Wilhelm Ostwalds Farbenfibel. In: Mitteilungen der Wilhelm-Ostwald-Gesellschaft e.V. 23. Jg. 2018, Heft 1, S. 8–25

35 Oehme, Wolfgang: Grete Ostwald – Ein Blick auf ihr Leben. In: Mitteilungen der Wilhelm-Ostwald-Gesellschaft e.V. 27. Jg. 2022, Heft 2, S. 31

36 Spillmann, Werner (Hg.): Aemilius Müller – Ästhetik der Farbe., mit Texten mehrerer Autoren, Red. Andres Betschart, Zürich: Stadtbibliothek Winterthur, Chronos Verlag 2018

37 Manfred Adam (1901–1987), Farbforscher, von 1924–1932 Farborgelwart und letzter Assistent Ostwalds, 1954–1966 im Ostwald-Archiv Großbothen, siehe auch: Adam, Hartmut: Manfred Adam und die Farbsysteme. Westewitz, Allerstedt 1989

38 Gericke, Lothar und Schöne, Klaus: Farbenkatalog für die Gestaltung. Berlin 1969

39 Adam, Manfred u. a.: Farbatlas LTK Berlin 1971, systematische Farbkarte mit 511 Farbmustern, zugleich anschaulicher Nachweis der TGL 21 579

40 Bendin, Eckhard: Resonanzen – Farbe als System. In: Bendin, E. (Hg./Bearb.), Zu Bedeutung u. Wirkung der Farbenlehre Wilhelm Ostwalds. Sonderheft Phänomen Farbe 2003, S. 57/58 sowie Bendin, Eckhard: Zur Farbenlehre. Dresden 2010, Die Verlagsgesellschaft GbR Dresden 2010, S. 192

41 Bendin, Eckhard: Schnittstelle Farbe. Lehrtafeln zu Leben und Werk von Personen der Geschichte. Dresden: edition bendin 2023 (Tafeln 24 und 30)

42 Wie Fußnote 2, S. 572, Anm.: Nach heutigem, weiter gefasstem Verständnis spricht O. hier die Physiologie und Psychologie des gesamten Gesichtssinnes an, nicht nur des ‚Auges‘.

Bildnachweis

Bild 1: Sammlung Farbenlehre der TU Dresden
Bild 5: Kustodie der TU Dresden
Bilder 2–4 sowie 6–18: Eckhard Bendin, Dresden

Bücher aus der Favoritenpresse

Werners Nomenklatur der Farben

Dieses Buch verwendete Charles Darwin zur Farbbeschreibung auf seiner Reise auf der HMS Beagle.

Ein kulturhistorischer Schatz, bibliophil präsentiert: Vor dem Pantone-Farbfächer gab es Werners Nomenklatur der Farben.
Von Schneeweiß bis zum schimmernden Blau des Eisvogels: Mit diesem Werk bestimmten Maler und Naturforscher einst die Farben der Natur.
Welche Farbe hat die Ringelblume, der Zitronenfalter oder der Feuerstein? Um die Natur genau zu beschreiben, ist eine verbindliche Benennung der Farben unumgänglich.
Aus diesem Grund hat Abraham Gottlob Werner im 18. Jahrhundert eine Nomenklatur entworfen, die 79 Farbtöne anhand von Fossilien genau beschreibt. Um dieses Farbsystem auch für andere Wissensgebiete und die Kunst anwendbar zu machen, hat der schottische Pflanzenmaler Patrick Syme im Jahr 1814 Werners Farbnomenklatur um 31 Farbtöne erweitert und mit Beispielen aus der Zoologie, Botanik, Chemie, Mineralogie und Anatomie ergänzt. Mit seinen Farbtafeln und kolorierten Beispielen bildete Werners Nomenklatur lange bevor Pantonefächer existierten die standardisierte Referenz, auf die man sich bei der Beschreibung eines beliebigen Objekts beziehen konnte.

Werners Nomenklatur der Farben
Angepasst an Zoologie, Botanik, Chemie, Mineralogie, Anatomie und die Kunst
14 x 22,5 cm, 80 Seiten, gebunden, 110 farbige Abbildungen
ISBN 978-3-96849-062-5

Bücher aus der Favoritenpresse

Gestalt und Anatomie – Ein Leitfaden für den bildnerischen Weg

Anatomie und Kunst – das sind zwei grundverschiedene Bereiche, die ihr großes kreatives Potenzial wirklich dann entfalten, wenn man sie gleichberechtigt betrachtet.
Mit seinem Buch möchte Manfred Zoller Grundlagen schaffen, um sich Kenntnissen der Anatomie und der vergleichenden Morphologie spielerisch und unvoreingenommen wie ein Kind zu nähern. Es zeigt jedem Interessierten Wege auf, einen persönlichen Zugang zur Anatomie zu finden. Neben dem Zeichnen und Modellieren besteht der praktische Teil des Buches in der Entwicklung und Gestaltung anatomischer Themen zu den Anschauungsmodellen. Diese bildhaften Objekte stehen nicht nur für den Lernprozess. Sie sind selbst Lehrmittel, ästhetische Gestaltung und zeigen damit auch die konkrete Verbindung zwischen Anatomie und bildender Kunst.
Ein Lehrbuch für Hochschulen, Kunsthochschulen, Universitäten und für das Selbststudium.

Gestalt und Anatomie – Ein Leitfaden für den bildnerischen Weg
23 x 28 cm, 304 Seiten, ca. 400 Abbildungen, gebunden
ISBN 978-3-96849-052-6

Friedrich Wilhelm Ostwald, * 2. September 1853 in Riga; † 4. April 1932 in Leipzig war ein deutschbaltischer Chemiker, Philosoph, Soziologe, Wissenschaftsorganisator, -theoretiker und -historiker. Er gilt als einer der Begründer der Physikalischen Chemie und lehrte an der Universität Leipzig. Sein Laboratorium und das von ihm 1898 begründete Wilhelm-Ostwald-Institut für Physikalische und Theoretische Chemie der Universität machte er zu einem Zentrum der neuen Wissenschaftsdisziplin. In Zusammenhang mit seinen praktischen Malerfahrungen beschäftigte sich Wilhelm Ostwald auch mit einem wissenschaftlich fundierten Farbsystem. Ab 1914 betrieb er im Auftrag des Deutschen Werkbundes farbtheoretische Studien aus ordnungswissenschaftlicher, physikalischer, chemischer, psychologischer und physiologischer Sicht. Die Entwicklung experimenteller Methoden zur messenden Farbenlehre war für Wilhelm Ostwald eine Möglichkeit der Anwendung des energetischen Imperativs und seiner wissenschaftlichen Überzeugungen. Er wollte nicht nur eine wissenschaftlich fundierte Farbsystematik schaffen, sondern seine Untersuchungen sollten einen Nutzen für Industrie und Handwerk erbringen.

Eckhard Bendin, * 1941 in Neuruppin/Mark, lebt seit 1983 in Dresden, emer. Privatdozent für Gestaltungslehre, Gründer und Kurator des Dresdner Farbenforums und der Sammlung Farbenlehre an der TU Dresden, Herausgeber und Autor zahlreicher Beiträge zur Geschichte der Farbenlehre, darunter der Anthologie ‚Zur Farbenlehre I – III' Dresden 2010 Das Kuratoriumsmitglied des Deutschen Farbenzentrums und Ehrenmitglied der Deutschen farbwissenschaftlichen Gesellschaft war auch Mitglied des Wissenschaftlichen Beirates der Wilhelm-Ostwald-Gesellschaft. *www.bendin-color.de*

Der Verlag hat sich größte Mühe gegeben, die Farbechtheit gemäß dem Original zu gewährleisten. Da dieses jedoch mit der Hand eingeklebte Farbplättchen beinhaltete, können wir mit unserer Ausgabe dem nur so nahe wir möglich kommen.

Impressum

Favoritenpresse, Berlin 2023
ISBN 978-3-96849-095-3

Vorlage für diese Ausgabe war die
4. bis 5. Auflage,
Leipzig 1920, Verlag Unesma GmbH.

Transkription: Grepect GmbH
www.grepect.de

Digitalisierung: Scanfactory Berlin
www.scanfactory.de

Gestaltung: Christin Albert
www.calbert.de

Gedruckt in Europa,
vermittelt durch Couleurs Print & More
www.couleurs-print.de

Mehr Informationen zum
Verlagsprogramm:
www.favoritenpresse.de